question 5
潮干狩りはどうして春だけなんですか？

口絵 1
夏季の潮干狩りは海に入ってしまえば暑さ知らずで快適

question 35
マテガイの獲り方を教えてください

口絵 2
穴に塩を入れると出てくるマテガイは子供たちの人気者

question 26
アサリの模様が不思議です

口絵 3
砂浜でブルーサファイアのように青く光り輝くアサリ「木更津ブルー」

口絵 4
左右共、真っ白のアサリは非常に珍しい
写真は「ほぼ白雪姫」

口絵 5
海の底には黄金も眠っていた。太陽の下で金色に輝くアサリ「蒔絵」

口絵 6
アサリは水墨画を描く事もできる。時は室町、そのアサリの名は「雪舟」

口絵 7
岩肌を舐めるように落ちていく奥久慈の名瀑。季節は秋の「袋田の滝」

question 40

砂抜きと塩抜きの違いは何ですか？

口絵8
アサリは獲った場所の海水で砂抜きをすると、水管を大きく伸ばして砂を吐き出す

question 62

「ワレカラ食わぬ上人なし」ってどういうこと？

口絵9
オゴノリの中に隠れるワレカラ。オゴノリを持ち上げて、そのままじっとしていると、ワレカラだけがピクピクと動き出す

question 74

続く車の行き先は？

口絵10
仲間たちとの潮干狩りはいつでも楽しい
（筆者中央 2016年春）

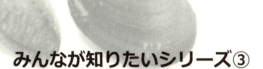

みんなが知りたいシリーズ③

潮干狩りの疑問
77

原田 知篤 著

成山堂書店

本書の内容の一部あるいは全部を無断で電子化を含む複写複製（コピー）及び他書への転載は，法律で認められた場合を除いて著作権者及び出版社の権利の侵害となります。成山堂書店は著作権者から上記に係る権利の管理について委託を受けていますので，その場合はあらかじめ成山堂書店 (03-3357-5861) に許諾を求めてください。なお，代行業者等の第三者による電子データ化及び電子書籍化は，いかなる場合も認められません。

まえがき

　春になるとなぜか行きたくなる潮干狩り。潮干狩りはひな祭りやお花見と同様に，春の風物詩として長く我々日本人に親しまれてきました。

　アサリやハマグリがどこを掘っても沢山いれば嬉しいですが，実際にはそうもいきません。少しでもアサリの事を知れば，アサリに出会えるチャンスが増えるかもしれません。また持って帰ったアサリの砂をきれいに抜いて美味しく食べるのも，海とアサリに対する最高の感謝の気持ちとなるでしょう。

　潮干狩りの時にふと沸いてくる疑問。何かあったけれど忘れてしまったような小さな疑問。そんな潮干狩りの様々な疑問をまとめた一冊があれば便利なのではと思い立ち，気付いた時に書きとめてまとめたものが本書　「潮干狩りの疑問77」　です。

　本書が皆様の楽しい潮干狩りの一助になれば幸いです。

平成29年2月　　　　　　　　　　　　　　　　　　　　　　　原田知篤

春になると多くの人がアサリを求めて干潟に集まります

目 次

まえがき……………………………… i
目次…………………………………… ii

第1章
潮干狩りに行くまでの疑問

question 1 …………………… 2
潮干狩りに必要な道具は
何ですか？

question 2 …………………… 3
潮干狩りの服装は？

question 3 …………………… 4
潮汐表の見方を教えてください

question 4 …………………… 6
車の渋滞が苦手です。
回避する良い方法は？

question 5 …………………… 7
潮干狩りはどうして
春だけなんですか？

question 6 …………………… 8
日本海側に潮干狩り場は
ありますか？

question 7 …………………… 9
クマデって必要ですか？

question 8 ……………………10
おすすめのクマデはありますか？

question 9 …………………… 12
おすすめの貝網はありますか？

question 10 ……………………13
寒い時に指が凍えない方法は
ありますか？

question 11 ……………………14
簡単に寒さから身を守るコツは
ありますか？

question 12 ……………………15
干潮のどのくらい前に始めれば
良いですか？

question 13 ……………………17
貝毒のニュースが
時々報道されますが

第2章
潮干狩りをしている時の疑問

question 14 ……………………20
アサリのポイントはどこですか？

question 15 ……………………22
はっきり分かるアサリの居場所が
ありますか？

question 16 ……………………25
管理潮干狩り場独特のポイントが
ありますか？

question 17 ……………………27
アサリはどのくらいの深さの所に
いますか？

question 18 ……………………28
クマデの正しい使い方が
ありますか？

question 19 ……………………29
アサリの目とは何ですか？

question 20 ……………………31
アサリが釣れると聞いたのですが

question 21 ……………………33
あんな硬い殻がどうして大きく
なるのですか？

question 22 ……………………34
見ただけで美味しいアサリが
分かりますか？

question 23 ……………35
生きたアサリと死んだアサリの
見分け方がありますか？

question 24 ……………36
アサリはなぜ，人間に獲られる場
所に棲んでいるんですか？

question 25 ……………37
素早くアサリの砂を抜く方法が
ありますか？

question 26 ……………38
アサリの模様が不思議です

question 27 ……………41
足でアサリを獲るとは
どういう意味ですか？

question 28 ……………42
変なものを乗せたアサリを
見つけましたが

question 29 ……………43
アサリの持ち帰り方を
教えてください

question 30 ……………45
潮が引く日なのに潮が引きません。
どうしてですか？

question 31 ……………46
アサリに小さな穴を開けた犯人は？

question 32 ……………49
干潟のもりそばのような
小さな山が気になります

question 33 ……………51
アサリとシオフキの見分け方を
教えてください

question 34 ……………53
ハマグリとバカガイの見分け方を
教えてください

question 35 ……………56
マテガイの獲り方を
教えてください

question 36 ……………61
アナジャコの獲り方を
教えてください

question 37 ……………66
一個だけの穴は何の穴ですか？

第3章
家に帰ってからの疑問

question 38 ……………70
砂抜きが上手く行きません

question 39 ……………74
どのくらいの時間で
砂は抜けますか？

question 40 ……………76
砂抜きと塩抜きの違いは
何ですか？

question 41 ……………77
砂を抜いたアサリが塩辛いです。
なぜですか？

question 42 ……………78
砂抜きの時にアサリが水管や足を
出しません

question 43 ……………79
死んだアサリは口を開かないの
意味は？

question 44 ……………80
元気なアサリと弱ったアサリの
見分け方は？

question 45 ……………82
バカガイの砂抜き方法が
ありますか？

question 46 ……………84
アサリの賞味期限は？

question 47 ……………85
アサリの中からカニが出てきました

question 48 ……………86
冷凍保存法について
教えてください

question 49 ……………88
獲った貝の美味しい食べ方は？

第4章
もっと知りたい潮干狩りの疑問

question 50 ……………96
クロダイがアサリを食べる？

question 51 ……………99
アサリは砂が好きなんですか？

question 52 …………… 101
500年生きたハマグリが
いるそうですが

question 53 …………… 104
横に泳ぐ変なエビの不思議

question 54 …………… 106
アサリって動けなくて
何だか可哀そう？

question 55 …………… 109
歩くのが下手な丸い体の
カニとは？

question 56 …………… 111
シロハマグリの正体は？

question 57 …………… 113
潮干狩りが何で「ひおしがり」？

question 58 …………… 115
どぎつい黄色のラーメンの
正体は？

question 59 …………… 117
ヤドカリの数と貝殻の数が
合わない時は？

question 60 …………… 119
ナメクジが貝の仲間？

question 61 …………… 122
風が吹くと桶屋が儲かる？

question 62 …………… 124
「ワレカラ食わぬ上人なし」ってどういうこと？

question 63 …………… 126
潮干狩り美人の謎

question 64 …………… 128
寿命の尽きたアサリはどうなる？

question 65 …………… 131
潮干狩りは重労働なの？

question 66 …………… 133
サキグロタマツメタは
どこから来たの？

question 67 …………… 136
アサリは水から煮るべきか？

question 68 …………… 139
アサリを食べるナルトビエイのなぜ

question 69 …………… 141
バカガイから寄生虫？

question 70 …………… 143
優雅なパラサイト生活

question 71 …………… 145
君子危ない事には近寄るよ

question 72 …………… 147
平潟落雁とは？

question 73 …………… 150
青い空の下のアオサの下は？

question 74 …………… 152
続く車の行く先は？

question 75 …………… 154
アサリで真珠ができますか？

question 76 …………… 158
潮干狩りラインとは？

question 77 …………… 162
潮干狩りってそんなに楽しいですか？

索引……………………… 165
全国の主な潮干狩り場………… 169

第1章

潮干狩りに行くまでの疑問

潮干狩りに必要な道具は何ですか？

question 1

Chapter 1 潮干狩りに行くまでの疑問

潮干狩りはおそらく近所の散歩を始めるのと同じくらい，特別の装備が必要ないアウトドアです。それでも楽しい潮干狩りをしようと思えば，必要なものがいくつかあります。

まず必要なものはクマデと貝網。クマデはもちろん干潟を掘ってアサリを見つけるためのもので，貝網は獲ったアサリを入れておくためのものです。

春のシーズンをのがすとクマデも貝網も意外と売っていないのですが，たいていの潮干狩り場には販売していますし，今は一年中ネットで買うこともできます。

潮干狩り場の状態にもよりますが，サンダルや長靴が必要な場合もあります。

また獲ったアサリを元気なまま持って帰るためには，保冷剤を入れたクーラーも必要です。

そして家に帰ってから砂を出させるための，持ち帰り用の海水を入れるペットボトル。タオルの他，服装は濡れるのを覚悟して着替え一式もあった方が良いでしょう。

春の日差しは弱々しく見えて紫外線は夏に匹敵しますから，麦わら帽子のようなつばの大きい帽子が最適です。実は麦わら帽子は夏にならないと店頭に並ばないので，手に入らない場合はなるべく，日差しを避けられるよう工夫してください。

クマデに貝網，そして持ち帰り用のクーラーとペットボトル

潮干狩りの服装は？

question 2

　潮干狩りの服装は上半身は肩から上腕までは隠れるような服で，下半身も膝上は隠れるようにパンツが適当です。また帽子は必ず着用するようにしましょう。潮干狩りのシーズンは通常3月から始まります。3月は気温は上昇していても海水温はまだまだ冷たいものです。それでも潮干狩りで体を動かしていると汗が出てきます。そして一枚脱いで上半身にランニングシャツ一枚の人たちも出てきますが，これはとても危険です。冬の間は厚着をしているので，肌に直接太陽が当たる事はあ

ゴールデンウィークでも紫外線避けに帽子と肩を隠す長袖は必須

りませんが，急に太陽光に当たると日焼けに弱い肩やももは火傷をおこします。春の日差しを甘く見てはいけません。足元は危険なものが無ければ裸足が一番気持ちが良く，干潟の様子が足で分かり，慣れてくるとアサリの居場所のヒントも足の裏から感じられるようになり，潮干狩りの楽しみ方も大きく広がります。干潟に貝殻が多いなどの場合は靴下もお勧めです。厚手のものは海水と砂を含んで重くなりますから薄手のものが最適です。穴の空いたものでも十分に貝殻などから足の側面を守ってくれます。岩やカキ殻が混ざっているような場所ではサンダルや長靴が必要です。足が汚れるのが嫌で最初から長靴を履く人もいます。これはお好みですので何とも申しようがありませんが，足の裏から直接感じるアサリとの対話は格別ですよ。

潮汐表の見方を教えてください

question 3

Chapter 1 潮干狩りに行くまでの疑問

　潮汐表は釣具店に行けばその地方のものを置いています。また潮干狩り場として営業している場合はホームページ等で潮干狩りに適した日と時間が掲載されているはずです。潮干狩り場で公開しているものは，潮干狩りに特化していて一目で分かるようになっているはずです。

　東京湾に限れば私のホームページでも，アサリの大きさで出かけ時が分かる潮干狩り指数を2040年分まで公開しています。

　釣具店で手に入る潮汐表（潮見表）には満潮と干潮の時間とそれぞれの潮位が記してあります。潮干狩りができるのは大潮や中潮の干潮時の前後2時間ずつほどが目安となります。

　潮位の低い日ほど，普段は行けない深場までアサリを獲りに出られる日でもあります。ですから干潮の潮位を見ていき，低い日の時間を調べて干潮時の2時間前に着くようにすれば良いわけです。大潮が一番干満差が大きいため干潮時には大きく潮が引きますが，潮干狩りには中潮の方が適している日もあります。特に春の大潮や中潮の干潮は昼間に大きく潮が引くので潮干狩りに最も適しているのです。

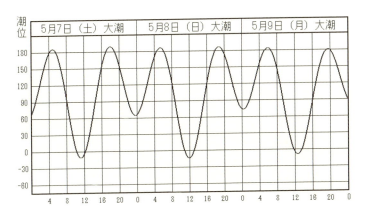

満潮と干潮は一日に2回ずつやってくる

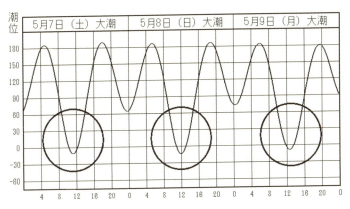

○で囲ったところが特に潮が引き潮干狩りに適した時間

3. 潮汐表の見方を教えてください

車の渋滞が苦手です。回避する良い方法は？

question 4

Chapter 1 潮干狩りに行くまでの疑問

潮干狩りは人々の行き先と日時が完全に一致し，時差が使えない遊びです。誰もが同じ潮干狩り場に干潮の2時間前を目指して走ります。当然，道路は混雑し予定通りにはいきません。スタートダッシュに遅れた車は駐車場に入れないかもしれません。悪い事に駐車場に入り損ねた車は，潮が上げて来て潮干狩りができなくなるまで駐車場に入れるチャンスも無いでしょう。極端に早く来た家族が帰り始めて，上手く入れる事もありそうですが絶対確実ではありません。

あまり良い方法も思いつきませんが，大混雑することで有名な横浜の海の公園の場合は，海岸をシーサイドライン（電車）が走っていますので，手前で車をどこかに置いてシーサイドラインに乗り3つあるどこかの駅で降りる事を奨めています。

潮干狩りは時間との勝負ですので，渋滞を乗り切って駐車場を確保したころには潮が上げ始めています。

ご家族が納得されるのならば極端に早く家を出るのも一つの方法です。

満車になると潮が上げて来るまで空く事は無い
海の公園の駐車場

潮干狩りはどうして春だけなんですか？

question 5

潮の満ち引きは月の引力の影響を大きく受けます。太陽の影響も月の半分くらいですが受けています。そして月と太陽の位置によって，潮が大きく引いて潮干狩りができるわけです。

ほとんど人のいない秋の海は究極の時差潮干狩り（海の公園）

春は干満差が大きい上に昼間に潮が引きやすく，特に大潮と中潮は潮干狩りに絶好の潮となります。干潮の時間は西に行くほど遅れ，湾の奥なども遅れる傾向があります。

潮干狩りに適した日は大きく潮が引きますが，逆に川の流れのようにあっという間に満ちてくる日でもあります。海岸によっては危険な事もありますので，そんな海岸では引いて行く時に遊び，潮が満ちて来たら一緒に帰り始める事をお勧めします。

秋も干満差が大きい季節なのですが，残念ながら春とは逆に夜間に大きく潮が引きます。

それでも海岸によっては，9月や10月でも，潮干狩りができる日はだんだん限られてはきますが，少し水に浸かる覚悟があれば貝を獲る事は可能です。潮浸狩りにはなりますが。

10月までできれば2月から始めると9ヶ月間潮干狩りができる事になります。もはや春の風物詩ではありませんね。そんな人が本当にいるのかというご質問には 「居る」 とお答えします。まあ，私の事なんですが。

日本海側に潮干狩り場はありますか？

question 6

Chapter 1 潮干狩りに行くまでの疑問

　日本海の形を見ると北東と南西が海峡によって狭められ，中央部は大きく膨らんでいます。

　一日に干潮と満潮が交互に2回ずつやってきますが，干潮から満潮に至るまでの時間，また満潮から干潮に至るまでの時間は，それぞれおよそ6時間という事になります。つまり太平洋側と日本海側では同等の引力がかかっているにもかかわらず，日本海側では海峡がネックになって，6時間の間に海水が満ちたり引いたりする事ができないのです。

　つまり日本海側では潮干狩りの絶対条件である，潮が引くという概念そのものが存在しないことになります。ですから日本海側には，潮干狩りができる，春に大きく潮が引く干潟はありません。

日本海は周囲を海峡で仕切られていて，海水が短時間に流れにくい

クマデって必要ですか？

question 7

　クマデが必要でなくなるのはアサリが沢山いる場所を見つけた後です。そんな場所を見つけたらクマデは置いておいて両手で探った方が，沢山のアサリを見つける事ができます。

　でも，そんな場所を見つけるまでは，クマデで砂をかいて探すのが一番確実な方法です。アサリにクマデが当たれば，アサリの表面のギザギザとクマデがガリガリという独特の振動を手に伝えてくれます。また小石が多い海岸は手で掘るには危険すぎ，クマデは絶対的な必需品です。

　実はクマデは今でこそ100円ショップにも並んでいますが，一本一本鍛冶屋が手づくりしていた時代には立派な貴重品でした。誰もがクマデを簡単に持てない時代には，おそらく木切れを使ったり手で砂を掘ったりしていた事でしょう。

　でもそんな時代は，きっとどこを掘ってもアサリがザクザク出てきた時代なんですね。

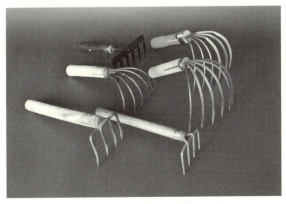

クマデは軽くて歯の硬いものが使いやすい

おすすめのクマデは
ありますか？

question 8

Chapter 1 潮干狩りに行くまでの疑問

潮干狩りのシーズンが始まると釣具店でも100円ショップでもクマデが店頭に並ぶようになります。

現在売られているものの主流は忍者クマデと呼ばれる5本爪のものです。一番使いやすくアサリからの振動も感じやすい優れたクマデです。

忍者クマデの曲がりが甘い下のクマデは無駄な力が必要で疲れやすい

以前のように先が鋭く刺さる危険な物は，さすがに最近は見かけなくなりましたが，クマデの曲がり方が甘いものはよく見かけます。このタイプの忍者クマデは砂にクマデが引っかかりにくく，上から押さえつけないと上手く砂がかけません。その分疲れやすく，ちゃんとカーブしたクマデを使うと，その容易さに感激します。少し値段が高くても，ちゃんとカーブしたク

レジャー用のクマデとプロ用のクマデ（右）は爪の長さがまったく違う

マデを選びましょう。

　プロ用のクマデは硬い爪が細く長く，少々の小石やカキ殻など，ものともせずに掘っていけます。焼きが入っているので爪は細くてもハガネの振動が手に響きます。先端が摩耗しても研ぎ直して何十年も使える事を想定して作られています。しかしいくら性能が良いといっても値段も違いますし，何100回と潮干狩りに出かけられる方もなかなかおられないと思いますので，通常は普通のクマデで十分と思います。だいたい高いものは普通には売っていませんし，探すのも大変でしょう。

通常の忍者クマデの他に網機能を持ったクマデもある

　網機能を付けた忍者クマデもありますが，少し水深がある場合などには便利です。ただし海水が干上がった潮干狩り場ではほとんど無力で，潮干狩り場によっては足糸（そくし）でつながった稚貝も引っかけてしまうため，網機能を持ったクマデを禁止しているところもありますのでご注意ください。

　クマデの柄はある程度太いほうが使いやすく，細い柄のクマデを長時間使うと，思いのほか腕が疲れます。

おすすめの貝網はありますか？

question 9

Chapter 1 潮干狩りに行くまでの疑問

貝を入れる入れ物は何でも良いように思いますが，やはり専用の貝網は使いやすいものです。

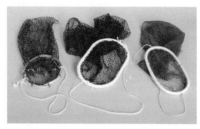

貝の網には色々な種類があるが口の付いたものを選びたい

潮干狩りではアサリを一個ずつ獲っては網に入れの連続作業になりますが，口部分に輪が付いていないと，いちいち口を探しては広げてアサリを入れる作業になります。10回や20回ならばそれでも良いですが，潮干狩りでは100回，200回と続くため，口があるのと無いのとでは収穫に大きな差が付きます。

そして泥の中にいたアサリを洗う際にも，粗目の網は海水を通してガラガラやれば簡単に洗う事もできます。

かつては貝網の口は竹を丸めて作られていましたが，最近はプラスチックの輪が付いているものが出回っています。これは水深のある場所では丸い口だけがポッカリ浮かぶため，見つけたアサリを網に簡単に入れる事ができます。

口が浮く貝網は水深のある場所では最強のグッズとなる

寒い時に指が凍えない方法はありますか？

question 10

　潮干狩りのシーズン初期は，まだまだ海水温が低く，指先が濡れると弱い風でも体温を奪っていき，指先の感覚が無くなってきます。

　そのような時には指先が乾燥しないようにすれば良いので，まずニトリルゴムの手袋をはめます。これで乾燥はしませんが海水自体が冷たいので，手全体の保温をするためにニトリルゴムの手袋の上から軍手をはめます。これで指先が凍える事はまずありません。

　ニトリルゴムの手袋は100円ショップでも売っていますが，必ずピッタリしたものを選んでください。ブカブカの手袋では威力が半減します。指先さえ凍えなければ腕は濡れても，意外と寒さには強い事が分かるはずです。

寒い時の強い味方軍手（左）とニトリルゴム製の手袋

簡単に寒さから身を守る コツはありますか？

question 11

Chapter 1 潮干狩りに行くまでの疑問

　本当に寒い時にはしっかりと防寒をしないとどうにもなりませんが，少し寒いなというような時にはタオルを首に巻くだけで随分改善します。乾いたタオルを首に巻くと，マフラーのような役目を果たしてくれるのはもちろん，海に浸かっている場合でも首にタオルを巻いておくと十分に保温してくれ，随分楽になります。タオルは海水でビチャビチャに濡れてしまうのですが，それでも首から熱は奪われず快適に潮干狩りが続けられます。

首にタオルを巻くだけで体温が逃げなくなり暖かくなる

干潮のどのくらい前に始めれば良いですか？ question 12

　潮位の事を考えれば干潮の前後2時間ずつが潮干狩りには最適の時間となります。
　しかし実際に潮干狩りをやってみると，潮が引いて行く時の方が圧倒的に干潟を掘りやすいのが分かります。

潮が引いて行く時には干潟の形状が分かりやすい

　潮が引いて行く時には新しい干潟が次々と姿を現し，潮の引くのを追いかけるように，綺麗な干潟を掘りながら沖に進んで行くイメージです。干潟が姿を現す際には干潟の盛り上がった場所や，えぐれた場所など干潟の形状も分かりやすく，アサリのポイントを探すのにも役立ちます。
　逆に潮が上げて来る時には，後ろから波に追い立てられるように，すでに掘り返された干潟を陸地に向かって戻らなければなりません。追いかけられるよりは自然を追いかける方が，楽

Chapter 1 潮干狩りに行くまでの疑問

しい上にストレスもありません。さんざん掘り返された干潟も，潮が満ちてくると波で洗われて，翌日には再び平らな干潟に生まれ変わります。

また海岸の特性として潮が引いている時の方が安全という事も重要です。

江戸時代の川柳に 「蛤を捨てて命をひろふなり」 というものがあります。

つまり沖に出てハマグリを沢山獲ったのだが，潮が上げてきて帰れなくなった。欲張ってハマグリを持ったまま溺れるか，ハマグリを捨てて泳いで岸まで帰るかの選択を迫られた話です。

これは春の大潮には2里先まで潮が引いたという江戸時代の話と笑ってはいられません。現代でも沖に出る時にはあった浅瀬も深みも，潮が満ちてくれば一面海になり何も見えなくなります。

特に岩場やサンゴ礁などの場合は，沖に出る時に通った岩の道も，潮が満ちてくればすべてが海面下になり，帰りの足場が無くなります。

沖に出る場合は必ず潮が引いている時に潮と一緒に沖に出て，潮が引ききったら帰り始めるのが良いでしょう。

管理潮干狩り場でも潮が引いて行く時は早めに海に入れてくれますが，潮が満ち始めた後は割と早めに終了の合図が出るものです。

貝毒のニュースが時々報道されますが

question 13

　アサリやハマグリは，もともと人体に有毒な成分は持っていませんが，毒性のある植物性プランクトンを体内に蓄積することで毒化していきます。

同じ場所のアサリより必ず先に毒化するイガイ

　ただし現代では同じ二枚貝のイガイが先に毒化する事が広く知られており，同じ海岸のイガイをモニタリングしていれば，アサリやハマグリの毒化を確実に予知する事ができるようになりました。

　また，一度アサリが毒化した海岸は再び毒化する可能性があり，逆に毒化の歴史の無い海は毒化する可能性がほとんど無い傾向にあります。様々な事が分かってきたため現在では，アサリの毒化で命にかかわるような事故はほとんど聞かなくなりました。

　地震や火山の噴火などに比べれば，台風と同様に確実な予知が可能ですので，潮干狩り場として知られているところであれば，安心して潮干狩りを楽しんで頂けると思います。

第2章

潮干狩りをしている時の疑問

アサリのポイントはどこですか？

question 14

広い平らな干潟で，どこにアサリがいるかを推測するのは難しく思えます。それでも注意深く海を見ていると色々な変化がある事に気づきます。

アサリは砂の中から入水管と出水管を出して呼吸すると同時に，エサである有機物も同時に取り込んでいます。水管を常に砂の上に出している事から，アサリは波が当たりやすい場所や水管に砂利が飛んでくるような場所を嫌います。つまり何かの陰になり自分の水管を守ってくれるような場所で，そのような場所はエサとなる有機物や同時にゴミなども滞留しやすい場所でもあるのです。

平らに見える干潟も水が残る深みと島になる浅瀬がある

まず，潮が引いて行く時に海岸をよく見ていると，先に干上がって島になるような場所があります。そのような他より高い場所は，波が直接当たりやすい場所であり，アサリも落ち着いて食事ができません。特に沖側からの波が当たりやすい島の沖側には，アサリは少ないものです。逆に，その島で波を避けられる海水が残っている低い部分にはアサリが固まりやすい傾向があります。

Chapter 2 潮干狩りをしている時の疑問

小さなアサリは波で飛ばされないように大きなアサリなどに足糸でつながっている

　アサリは例外なく寂しがりやで、必ず同じところに集まります。もしポツンと寂しそうなアサリが居たら、アサリにとっては不本意な自然か人的な要因で、そのような状態になったと考えてください。

　「アサリは1個見つけたら30個居ると思え」というのは個人的ではありますが、干潟では忘れてはならない格言です。

　干潟の地形以外でも岩の陰や海草の陰などにもアサリが固まっている可能性があります。少しでも何か変化を感じたらクマデで掘ってみてください。

　アマモなどの海草があると波が弱まるため、海草と海草の間の砂浜には、特にアサリが固まる傾向があります。アサリの幼生は着底の際に何かに糸でつながらないと波で飛ばされてしまいます。アサリの貝殻や生きているアサリにもくっつきますが、海草の近くも波が無いのでアサリが着底しやすいものと考えられます。

海草と海草の間はアサリの一級ポイント

　またあまりにも海草が密集している場合は根が横に張って、逆にアサリは棲みにくくなります。

はっきり分かるアサリの居場所がありますか？

question 15

アサリが居る事がはっきり分かるのは，アサリの目（水管）そのものが上から見える時です。目が見つかれば，アサリは必ずその下にいるわけですし，仲間のアサリも潜んでいる可能性があります。目が沢山見えれば，間違いなくアサリの集団が居るポイントです。

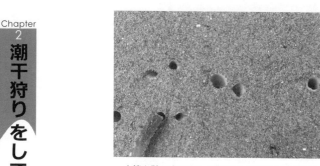

水管を砂の上に出して呼吸中のアサリの目は必ず2つがセットになっている

人が海でバチャバチャ歩き回ったり，クマデで掘り返す前でしたら，アサリの目は良く見つかります。

海が干上がってしまい海水が無くなると，当然アサリは水管を引っ込めて我慢の時間になります。その場合は，干潟の上に水管の2つの穴だけが残ります。その穴はハッキリ残る場合もありますが，2つがつながってひょうたん型になったり，波で洗われて小さな窪みだけが残る事もあります。それらはすべてアサリの目で，必ずその下にはアサリがいます。

他に見つけやすいポイントとしては，海の掃除屋アラムシロガイの集団を見つけたら，一応下を掘ってみましょう。アラム

干潟が干上がってアサリが水管を引っ込めた後の2つの穴

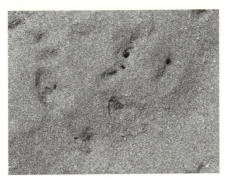
干潟が干上がると波風で崩れて目の痕跡だけが残る事も多い

シロガイは魚やカニの他，アサリなどの死骸を集団で寄って集って食べています。死んだ貝ばかりではなく，弱った生物にも集団で襲いかかり，エサにしてしまいます。

弱った貝は可愛そうですが，その近くには仲間の貝が生息している可能性が高いわけです。

もう一つ干潟の潮が引いて行く時に海水が川のように残る場所があります。この場所は形状によって川のように強い流れが起きる事があり，砂が一緒に流れ出てアサリの殻の一部だけが出ている事があります。アサリは砂の中で斧足（おのあし・ふ

アラムシロガイはカニやアサリなどの死骸に群がる

そく）を下側に，水管を上部に出しているため殻が立っている事が多いのです。その殻の一部が砂の上にピョコンと出る事があるわけです。アサリは集団でいる事が多いので，殻が飛び出ているアサリを流れの中で見つけたら，その周囲を探ってみます。仲間が沢山潜んでいる可能性大です。

引き潮の時にできる海水の残る部分は川のように流れている事がある

アサリのポイントは点ではなく，アサリロード状に長く連なっている事が多く，ポイントを見つけた後，どの方向にロードが続いているかが分かれば，誰でも面白いようにアサリを獲る事ができます。

管理潮干狩り場独特のポイントがありますか？ question 16

　管理潮干狩り場も同じ干潟ですが，多くのお客さんが毎日押し寄せるような潮干狩り場では，料金を取っている以上，常に一定のアサリが必要です。お金を払ったのにアサリが獲れなかったら怒られるでしょう。そのためにアサリが減ってきたり，お客さんが沢山来ると予想される休日の前などには，沖にある養貝場（ようかいば）からアサリを供給する潮干狩り場があります。

管理潮干狩り場ではポイントに旗などの目印が立っている

　アサリを撒くといっても管理上やたら広く撒き散らす事は無く，ある程度決まった範囲にまとめる事が多いようです。潮干狩り場によっては電柱や旗などで目印を作っている事も多く，その場合は係りの人に聞けば教えてくれるはずです。
　それでも管理潮干狩り場独特のアサリを見つける方法があり

ます。撒かれるアサリは元気なアサリもいますが，何かの事情であまり元気でないアサリも混じっています。そんなアサリは引っ越しした時に砂に潜れないでウロウロしていると，アラムシロガイなどによって綺麗に食べられてしまいます。

アサリの殻を見つけたらチャンスかもしれない

　管理潮干狩り場の干潟は広く平らな事が多いので，海岸の変化は乏しいのですが，アサリの殻が干潟の上に転がっているのを見つけたとします。その時にはその貝殻が古いものか新しいものかを良く見てください。古い殻は欠けていたり，殻の模様が古ぼけていたりします。殻にコケが生えていたり，殻が閉じて中に砂が詰まっているようなものは論外です。

　殻が開いていて，しかも新しい殻だったら，その近くには生きた貝が沢山居る可能性があります。撒く時にはある程度の量を一緒にザッと撒くので結果的にそういうことになります。この方法はハマグリでもまったく同じです。

アサリはどのくらいの深さの所にいますか？ question 17

　アサリは浅利と書き，浅いところで利するという意味と言われています。つまり浅い場所を掘っていればアサリは十分獲れるというのは，半分は真実ですが半分は違います。

　アサリは暖かくなると干潟の表面近くに出てきますが，潮干狩りの初期はまだ海水が暖かくなっておらず，そのため砂の中にやや深めに潜っています。

　ですから3月の初めなどは，その日の水温を考えて，少し深くまで掘ってみる必要があります。5月のつもりで5cmくらいの表面だけを掘ってアサリはいないと思い探し歩くと，

干潟の断面。アサリはそれほど深い場所にいるわけでは無い

その下でアサリがベロを出しているかもしれません。その日のだいたいの深さが分かると，その日の目安になり後の潮干狩りが楽になります。

　アサリがやたら密集している場合もスペースに入りきらず，マンションのように数段に重なっている場合があります。上のアサリだけを獲って満足せず，その下も探してみると大物が出てくるかもしれません。下の方が水管が長い大物が潜んでいる確率が高いので，やたら固まっている場合は，少し深いところまで探してみてください。

クマデの正しい使い方がありますか？

question 18

Chapter 2 潮干狩りをしている時の疑問

　クマデはアサリがどこにいるかを探すのにとても有効です。クマデの先がアサリに当たるとガリガリという快い響きが手に伝わってきます。つまりクマデは穴を掘る道具でも何かを突き刺すものでもありません。

アサリの殻には細い溝が沢山あってクマデの先端が当たるとガリガリと振動する

　クマデは砂に差し込んで手前に引いてくるようにします。その間にアサリがいればアサリの殻とクマデの先端がこすれ合う，ガリガリという振動がクマデを通して手に伝わります。そのためには最初からあまり深く掘らず，少しずつ何層にも探る要領でアサリを探します。

一度に深く掘らず浅く長く数回に分けて探っていく

　ひとたびアサリが沢山いるようでしたら，クマデを置いて両手で砂の中を探ると良いでしょう。それを繰り返しているうちにあなたの網の中は一杯になるはずです。

　この作業のためにもクマデの爪の角度は丸まっている方が何かと有利なわけです。

クマデの先は丸まっている方が砂に自然に刺さり使いやすい

アサリの目とは何ですか？

question 19

　持って帰ったアサリの砂抜きをしていると、アサリが足と水管を出しているのを見たことがある方も多いと思います。水管2本はセットになっていて先端部で二股に分かれています。大きい穴が入水管、細い方が出水管で、砂の上に水管を出している時には、海水を循環させて酸素とエサを取り込んでいます。

　このアサリの水管が2本出ているところが、ちょうど目のように見える事から、これをアサリの目と呼んでいます。ちょっと近くを歩いたりして振動を与えると、水管を引っ込める様子が目をつむったように見えたりします。ウインクするように片側だけ目をつむる事もあり、本当に何かの生物の目のように見えます。

砂抜き中のアサリ。水管は途中で二股に分かれている

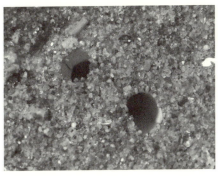
海水がある時にはアサリは2本ずつの水管を表面に出して呼吸をしている

19．アサリの目とは何ですか？

海水が干上がった後に残る穴もアサリの目ですし，穴が崩れてあばたのようになったものもアサリの目と呼ばれます。

干潟が干上がるとアサリは水管を引っ込め穴だけが砂の上に残る

アサリの目の下には100％アサリがいますから，アサリを見つけるための一番のポイントです。

砂抜きの時にアサリは海水を噴き出す事があるのですが，その際は入水管からもピュッと吹き出します。

砂抜き中のアサリは水管から海水を吹き出す

アサリが釣れると聞いたのですが

question 20

魚釣りとは違いますが，松葉を使ってアサリを釣る事ができます。

アサリの水管は先端が二股に分かれている

まず，水深が 10 ㎝未満の場所でアサリが水管を出して，呼吸をしているアサリの目を探します。アサリが確実に水管を出しているのを確認したら，入水管と出水管の間に松葉を素早く差し込みます。松葉の先がアサリの入水管と出水管の二股の部分に命中すれば，アサリは驚いて水管を殻の中に引っ込めます。その時に松葉の先はアサリに刺さったまま殻の中に吸い込まれるわけです。

海水が残っている場所でアサリが水管を出して呼吸をしている所を見つける

アサリが水管を引っ込める速度は意外と早いので，松葉を刺

入水管と出水管の間に松葉を持っていく

すスピードが遅かったり、ためらいがあったりすると、先に水管だけを入れられてしまいます。

昔から行われている海の近くの子供の遊びで、竹串などでもできそうですが、松葉のように柔らかくてしなる物の方が、アサリの水管をしまう速度に合わせやすく上手くいきます。

2つの目の真ん中に松葉を素早く差し込む

二股の部分に松葉が刺さったまま松葉ごとアサリは水管を殻にしまう

アサリが釣れた

あんな硬い殻がどうして大きくなるのですか？

question 21

　アサリなどの二枚貝は身の部分はそのまま大きくなりますが，殻に関しては毎日殻の周囲に炭酸カルシウムを塗りながらだんだん大きくなっていきます。塀にレンガを積みながら大きくなるイメージです。

　外周部はどんどん大きくなりますが蝶番の部分は小さい時の貝殻のままですので，殻頂部と呼ばれる蝶番のある尖った部分が貝殻の中では一番薄く弱いという事になります。

冬季に成長が止まり，はっきり二段に分かれたアサリは小さかった時の殻が分かりやすい

見ただけで美味しいアサリが分かりますか？

question 22

Chapter 2 潮干狩りをしている時の疑問

アサリは干潟の岸に近い場所から沖合の深くて簡単には行けない場所まで広く棲んでいます。

沖合にいるアサリは干上がる事がほとんど無いため、常に水管を出して活動をする事ができます。そのため栄養が行きわたり、柔らかくふっくらした身に育ちます。殻はどんどん炭酸カルシウムを外周部に塗り付けられるために、横に大きく広がるように育ちます。

干上がる事のない沖合のアサリは常に砂の上に水管を出して栄養を取り続けられるため成長が早い

反対に陸地に近い場所のアサリは干上がる時間が多いために、干上がった時には呼吸も補食もできません。アサリの身も成長が遅いために硬めの身になります。陸地に近いために人間界の影響を受けやすく、様々な臭いも付きやすい

陸に近い場所のアサリは干上がる時間帯には食事ができないため成長が遅い

傾向もあります。そして成長が遅い分、殻に付着させる炭酸カルシウムも少なく殻の形状はボールに近いアサリになります。

どちらが美味しいかと言われれば明らかに沖合のアサリの方が美味しいです。ただし、管理潮干狩り場ではアサリが無くなると、沖合の養貝場（ようかいば）から美味しいアサリを供給していますので、既定の量をオーバーしそうになった時は美味しそうなアサリを選んでください。

生きたアサリと死んだアサリの見分け方がありますか？ question 23

　アサリを掘っていると中に泥の入った殻とかが混ざったりする事があります。これが料理に使われたら，と思うとぞっとします。砂抜きをいくら完璧にやっても，これが一個混じっていれば砂抜きの大失敗と同じことになります。また弱ったアサリが混じっていると，料理の味や香りが悪くなります。たった一個の腐敗したアサリが混ざっているだけで，お味噌汁全体がその味になってしまいます。

　そんな事にならないためには面倒ですが，アサリを獲った時に一応指で一個ずつずらしてチェックしておくと，ほぼ失敗を避ける事ができます。

アサリが生きていれば貝柱でしっかり閉じて殻をずらせない

　まずアサリを親指と人差し指ではさみスライドさせます。中身が入ったアサリの場合は，変な力が加わると，アサリは貝柱で口を堅く閉じますので，スライドできません。ところが中身の無い殻だけのアサリの場合は，簡単にずれて選別できます。中身が無いと分かったら，後の人のために2つの貝殻は切り離しておきましょう。中には弱ったアサリに出会う事もありますが，貝柱の力が弱いため，少しでも殻が動くようでしたら外しておくのが賢明です。

　この作業でほとんどのアサリは選別できると思います。

アサリはなぜ，人間に獲られる場所に棲んでいるのですか？ question 24

アサリにとっては確かに人間も天敵ですが，海水が干上がる場所は常に海水が満ちている場所よりも安全な場所でもあるのです。美味しいアサリを狙っているのは人間だけではありません。

アサリの殻を包み込み無理やりこじ開けて身を食べるヒトデ

タコ，ヒトデ，ツメタガイや魚などの天敵が常にアサリを狙っています。そんな天敵が決して襲ってこない場所が，干上がった場所なのです。海水が干上がってしまえばアサリ自身も食事ができませんが，食べられてしまう心配も無いというわけです。我々には我慢をしているように見えて，アサリにとっては案外休息の時間なのかもしれません。

まあ潮干狩りで人間に獲られるのは，限られた季節の事ですし，アサリの長い歴史の中では小さな事なのでしょう。

アサリは受精してプランクトンの状態で2,3週間湾内を浮遊します。その後，棲みやすい場所を選んで着底し棲み付きます。その際，将来の事まで考え

アサリに覆いかぶさり殻頂部に小さな穴を開けて中身を吸い取るツメタガイ

て着底するはずもありませんが，着底した場所がアサリそれぞれの一生を決めてしまうわけです。

Chapter 2 潮干狩りをしている時の疑問

素早くアサリの砂を抜く方法がありますか？

question 25

　早く砂を抜きたいときは、例えば朝獲ったアサリを、お昼のバーベキューで御味噌汁でも作りたいというような場合でしょうか。それでは屋外で砂を手早く抜きたいという場合で考えてみます。

　砂を抜くにはあまり温度が高くない暗い場所が必要ですので、まず風通しの良い静かな日陰を探します。そして海水を入れたバケツに釣り用の電池式エアポンプをセットし、上に網ボウルを重ねてアサリを入れます。

バケツの中に携帯エアポンプを入れてアサリを乗せる網ボウルを乗せる

　そして必ず上を黒い布で覆い内部を暗くします。アサリは暗くて静かなほど砂を吐きやすくなります。

　通常でも2時間程度で砂はあらかた抜けますが、エアポンプを使って酸素を供給し暗くすると1時間でだいたい抜く事ができます。

　もちろん完全というわけではありませんが、バーベキューで使う分には十分でしょう。

　ただし、いくら急いでいても、海水から出して30分は空気中に置いての塩抜きは忘れずに。

アサリの模様が不思議です

question 26

アサリには様々な模様があって，色も白黒の他茶色，黄色，緑，青とバラエティに富んでいます。色々な模様の変わったアサリを集めるのも潮干狩りの楽しみの一つかもしれません。

もちろん遺伝で模様の変化は起こるのですが，アサリの場合は両親が特定できません。

産卵期にはアサリは一斉に放精と放卵をして受精します。天文学的な数の受精が行われているわけで，潮干狩りをしていてもタイプはいくつかに分かれますが，よく見ると同じ模様のアサリは２つとありません。アサリには模様があるのが普通と思われているのですが，こんなに様々な模様が現れる貝はなかなかありません。

今までに一度だけ見つけたことのある「カラス」

でも逆に模様の無いアサリを探してみませんか。私はずっと真っ黒なアサリと真っ白なアサリを何となく探しています。

真っ黒なアサリは今までで一度だけ出会った事があります。名前も「カラス」と名付けました。そして真っ白いアサリは「白雪姫」と名前を用意して探していますが，「白雪姫もどき」や「ほぼ白雪姫」は見つかっても真の「白雪姫」に

白い殻に少しだけ模様が残る「白雪姫もどき」は時々見つけることができる

はまだ出会えていません。おそらく出会えた時は「こんなものか」と思うかもしれません。アサリの場合は純白はあり得ず、白といっても少し黄みがかっていたり、溝の黒い汚れが取れない事も多く、なかなか真の「白雪姫」には遠いのです。

男女の絡み合う心情を彷彿とさせる「天の網島」

その他にも全身青色の「木更津ブルー」網目模様が美しい「天の網島」などアサリの模様は潮干狩りの楽しみを広げて

26．アサリの模様が不思議です

くれます。でも，どんな美しい模様も珍しい色も，ひとたび茹でてしまうとすべて白と茶色になってしまいます。ですから，これはという模様のアサリを見つけたら，食べる前に必ず両面を写真で撮り，思い出として保存しておく事をお勧めします。

ちなみにアサリの殻には左右が決まっていて，片側だけ真っ白のアサリはいくらでも見つかります。

蝶番であるじん帯を下に見て左右は図のようになる。砂の中での姿勢は上下が逆で，前縁側からは斧足が出て砂に潜り，後縁側からは水管を出して呼吸をする。

足でアサリを獲るとは
どういう意味ですか？ question 27

「尻ふりて蛤ふむや南風」という岩田涼菟（いわた　りょうと；1659～1717）の俳句が残っています。ハマグリを獲る時に沖に出て足をグリグリと動かすと，だんだん砂の中に足は沈んでいきます。水の中では足がグリグリと動いているわけですが，お尻は連動して振っているように見えるので，その様を詠んだものです。そしてハマグリがいれば足に当たるので，足の指でつまんで持ち上げればハマグリが獲れるわけです。

干潟に危ないものが無ければ裸足が最高に楽しい

長靴をはいたりマリンシューズやゴムサンダルなどを履いてしまうとそんな獲り方もできません。ガラスやカキ殻などの多い海岸の場合は仕方ありませんが，なるべく裸足かせめて靴下で潮干狩りをしたいものです。

なぜなら直接貝が足に当たって見つけられるという事もありますが，貝が多い場所は貝がゴソゴソ動くため一帯が耕されたような状態になっています。足が小さくグシャっとなるような場所を見つけたらクマデで掘ってみましょう。また，アサリが沢山重なっているような場所では足の裏に踏んだ時の直接ガチャガチャという音も感じる事ができます。

歩いているだけでアサリを見つけられるわけですから，こんな楽なことはありません。

変なものを乗せたアサリを見つけましたが

question 28

アサリに乗っているものといえばイソギンチャクです。イソギンチャクの仲間は岩場では岩に付いて生活しています。ところが砂浜では岩場がありません。

アサリの上に乗っているイソギンチャク。アサリが深く潜っても砂の表面まで体を伸ばして、触手を広げて獲物を狙っている

何かに付着していないと、泳ぐことも歩くこともできないイソギンチャクは、波で転がるばかりで生活ができません。そこでアサリに目を付けたわけです。アサリの殻はうまい具合に溝が走っていて、付着すれば外れる可能性が少なく安心して生活できるわけです。

アサリに乗っているのは普通はイシワケイソギンチャクで、アサリが砂深く潜っても体を合わせて伸ばす事ができ、常に砂浜の表面で触手を広げて獲物を待っています。

イシワケイソギンチャクの中央部はうそのように長く伸びる

イソギンチャクは通常岩に付いている（タテジマイソギンチャク）

Chapter 2 潮干狩りをしている時の疑問

アサリの持ち帰り方を教えてください

question 29

　アサリは元気なまま持ち帰らないと上手く砂を吐いてくれません。そのために一番重要なことは，アサリは水から上げて持ち帰り，砂抜き用の海水はペットボトル等で別に持ち帰る事です。

　なぜ海水にアサリを入れたまま持ちかるのが良くないかというと，アサリは水があると水管を出したがる性質があるからです。バケツの水はあっという間に水温が上がり，酸素も減っていきます。車の中などに置いておくと，寒い時期であっても，水温はあっという間に上がってしまいます。そんな悪い条件下でも，アサリは水管を出して必死に苦しがり，結果弱っていきます。

アサリの持ち帰りにはクーラーが必需品

　水から上げてしまえば，アサリは口を閉じて何日も頑張り続けます。隣国からアサリを輸入する際，冬季などは，ずた袋に入れられたアサリが，甲板に乱暴に積み上げられたまま船で運ばれてきます。

クーラーにはアサリだけを入れて海水は入れない

　というわけですので，砂抜き

アサリの上に新聞紙を敷き保冷剤を乗せる

は家に帰ってから静かな室内で行うのが一番です。春先から初夏の潮干狩りの時期なら，室内が異常に暑くなる事も無いでしょう。

そしてアサリの持ち帰り方ですが，クーラーに入れたらアサリの上に新聞紙を敷き，その上に保冷剤を乗せて持ち帰るようにしてください。海水から上げてクーラーで持ち帰ればアサリは非常に元気な状態で家に持ち帰る事ができます。

管理潮干狩り場では砂抜き用に綺麗な海水をタンクで用意してある。ペットボトルは各自用意する。写真は富津潮干狩り場の砂抜き用海水

そしてペットボトルで持って帰った海水と合体させて砂を抜くわけです。ペットボトルの水温上昇はさほど気にしなくても大丈夫です。

管理潮干狩り場では持ち帰り用に綺麗な海水をタンクで用意してあります。

海水はペットボトルで必ず別に持ち帰る

29．アサリの持ち帰り方を教えてください

潮が引く日なのに潮が引きません。どうしてですか？ question30

　春の大潮と中潮は干満の差が大きく昼に大きく潮が引きます。そして潮汐表を見ると時間と潮位が書かれています。ただしこれはあくまで予想値で，その日の天気に大きく左右されます。一番潮が引くのは強い高気圧が上空に乗っている時で，高気圧が強い圧力で海を上から押さえつけてくれます。逆に低気圧が乗っている日は期待ほどは潮は引いてくれません。

風が吹くと海が押されて潮が引かない

　そして気圧以上に問題なのが風です。風は海水を押すため潮が引かない上に波が出て，潮干狩りは非常にやりにくくなります。北風は太平洋側の湾では潮干狩りにあまり影響のない風ですが，春にはあまり北風が吹くことはありません。他の風は強く吹くとだいたい潮干狩りがやりにくくなります。一般的に潮干狩りの時期には，午前中よりも午後の方が風が出る傾向にあります。

　潮干狩りに出かける際は，風の予報にも注意してお出かけください。

　風速３ｍを超えると海が押されているという印象を受けます。特に遠浅の海岸ほど影響が強く出ます。

アサリに小さな穴を開けた犯人は？

question 31

干潟を歩いていると，殻頂部に小さな丸い穴の開いたアサリの殻を見つける事があります。このような穴を開けた犯人は，アサリなどの二枚貝を襲うツメタガイという巻貝です。またサキグロタマツメタという外来種もいて，同じように穴を開けてアサリを食べています。

ツメタガイによって穴を開けられたアサリ

あのようなまん丸の穴をどうして開けられるのか不思議ですが，ツメタガイは体をスカートのように大きく広げてアサリを包み込み，酸性の液を一部分に塗り付けて炭酸カルシウムを溶かしながら，歯舌（しぜつ）と呼ばれるヤスリのような部分で擦り，丸一日かけて穴を開けていきます。

アサリの殻頂部は稚貝の時のままなので一番殻が薄い

アサリの殻頂部ばかりを狙うのは，そこがアサリの殻の中で稚貝の時のままの，薄い部分である事を知っているからです。

一番薄く穴が開けやすい場所でも丸一日かかるのですから，間違って少し厚い部分に穴を開け始めると貫通できなくて途中で断念する場合もあります。

可愛い殻のツメタガイの大好物はアサリ

　ツメタガイの卵は 「すなぢゃわん」 と呼ばれる砂で固めた卵塊で，茶碗をひっくり返した形をしています。直径は 10 cm 以上もあり，ツメタガイが広げたスカートの上に卵と砂を粘液で混ぜ合わせたすなぢゃわんを作ります。

同じようにアサリに穴を開ける外来種サキグロタマツメタ

Chapter 2 潮干狩りをしている時の疑問

ツメタガイは体を大きく広げてアサリを包み込みゆっくり穴を開けていく

ツメタガイの卵すなぢゃわん

すなぢゃわんも専門に集める気になると，こんなに集まる

31．アサリに小さな穴を開けた犯人は？

干潟のもりそばのような小さな山が気になります question 32

　干潟を歩いていると，もりそばのような砂の塊りが所々にあるのに気が付くと思います。多い場所では，そこら中がもりそばだらけの所もあります。これはタマシキゴカイというゴカイの糞なのです。タマシキゴカイは干潟に口側と肛門側の2つの穴を持つU字型の巣穴を掘って棲んでいます。口からは有機物入りの砂を食べて栄養を摂り，残りは綺麗な砂にして排出するという，干潟を綺麗にするのが仕事の素晴らしい生物です。

無数のタマシキゴカイの糞塊は健康な干潟の証拠

　ミミズとかゴカイは食べたものより出す方が綺麗という，我々の概念とは真逆の生物ですが，アサリも海水を浄化してくれます。我々人間も生活すると同時に環境を浄化できれば良いのですが，どうもロクな事しかしていないので反省しきりです。

　生物の何もいない干潟は汚れる一方でヘドロ化してしまいますが，タマシキゴカイやアサリなどの生物が沢山棲んでいる干潟は，海も砂も綺麗な場所です。

　気長に待っていると穴からもりそばがどんどん出てくる光景に出会う事もできます。

もりそばのようにもモンブランのように見えるタマシキゴカイの糞

かつて地球が氷河期だったころ、人間たちが住めるような暖かい地球にしてくれたのはこのゴカイたちだったというのです。

今でこそ二酸化炭素による地球温暖化の危機が叫ばれていますが、ゴカイの仲間たちが二酸化炭素を一生懸命出して、地球の周りを二酸化炭素で囲い安定した気温にしてくれたというのです。

そして生命は海から地上に上がって進化して行ったというわけです。今も干潟を浄化し続けているタマシキゴカイに感謝です。

タマシキゴカイを手のひらに乗せる

タマシキゴカイの卵塊は風船のように海中をユラユラしている

アサリとシオフキの見分け方を教えてください question 33

　アサリとシオフキは大きさが似ているため間違える事も多いのですが，決定的に違うのは殻にある放射状の溝です。

　アサリの殻は爪を立てるとガリガリという音が出てヤスリのように溝が走っているのが分かりますが，シオフキには溝が無く爪はツルっと滑ります。

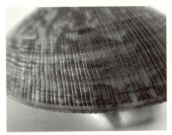 

アサリは放射状に溝が走っており，爪を立てるとガリガリする

シオフキには放射状の溝は無く，爪を立ててもツルっと滑る

　分からなくなったら爪を立ててみると区別ができます。またアサリは全体に平べったく，何か模様が付いていますが，シオフキには模様が無く，形も全体に丸くボール状の形をしています。

　シオフキは殻の割に身が小さく殻の閉じ方も甘いため，内側に砂が入りやすい特徴があります。この砂を抜くことは非常に難しいので，シオフキと分かったら海に戻して，アサリだけを持ち帰るのが普通です。

Chapter 2 潮干狩りをしている時の疑問

アサリには模様があって，全体が平べったい形

アサリは左方向が前縁，右方向が後縁で違いがすぐ分かり前縁方向にもぐる

シオフキには模様が無く，全体が丸みを帯びている

シオフキの形は丸みがかって左右が対称に近い

33．アサリとシオフキの見分け方を教えてください

ハマグリとバカガイの見分け方を教えてください

question 34

　ハマグリとバカガイは大きさが似ているうえ，両方とも表面がツルツルしているため間違えやすいものです。それでもポイントさえつかめば間違えることは無いでしょう。

　一番の違いは殻の厚さです。ハマグリの殻は縄文時代には調理用の貝刃（かいじん）として使われたほど厚く丈夫で硬いものです。かたやバカガイの殻は非常に薄く簡単に割れてしまいます。これは外敵から身を守る際の防御方法の違いから来ています。

　ハマグリは強力な貝柱と厚い貝殻をピッタリ閉じる事によって外敵から身を守ります。逆にバカガイは貝殻を必要最小限軽くすることによって大きな跳躍力を持ち，長い足を使って跳躍し，ピョンピョンと逃げる事で難を逃れようとします。

　当然ながら持ち比べてみると重量感の違いに気づかれるはずです。

　ハマグリの割れた貝殻はほとんど見かけませんが，バカガイは外周部が特に薄く，ボソボソと欠けている場合も多いものです。実際，よほど状況が揃わないと，完全な殻のバカガイを探すほうが難しいでしょう。

　もう一つは貝殻を開く際の蝶番のバネの役目を果たすじん帯が，シオフキと同様バカガイも小さく外側からはほとんど見えないという事です。

　これは確実な見分け方ですので覚えておくと便利です。

Chapter 2 潮干狩りをしている時の疑問

殻が厚く丈夫なハマグリ

バカガイの殻は薄く弱いので外周が欠けている事も多い

ハマグリの殻は厚く丈夫で割れている殻は見かけない

バカガイの殻は薄く華奢で特に外周は欠けやすい

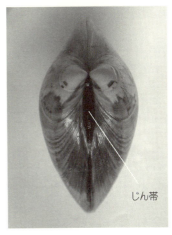

じん帯

ハマグリにはじん帯がはっきり見える

じん帯

バカガイのじん帯はほとんど見えない

34. ハマグリとバカガイの見分け方を教えてください

マテガイの獲り方を教えてください

question 35

マテガイは漢字では馬刀貝と書き，刀の鞘のような形をしています。筒状に見えますが立派な二枚貝で，ちょうどハンコケースのようになっています。通常は二枚の殻は薄い膜でつながっており一定以上開く事はありませんが，調理等で熱を加えると膜が切れて開きます。

マテガイは細長い筒状の形だが二枚貝

マテガイは干上がった干潟では30cmはあるという巣穴の下に潜っているため，上から掘ってもなかなか捕まえる事はできません。

マテガイがいる場所はアサリなどの貝が少ない場所で，他の貝が上部に多い場所は，マテガイは直線状の巣穴を作ることができず棲んでいません。

マテガイの巣穴はマテガイの殻を見れば分かる通り，ツルツルの巣穴が，まっすぐ下に伸びています。しかし砂の上に出ている部分は波で崩れて，なかなか上から穴を見つける事ができません。

そのため砂の表面を削り取る道具を使います。

マテガイ専用ジョレン2種と右はお好み焼き用コテを曲げたもの

　道具はシャベルも使えますが，マテガイ専用のものがやはり使いやすいです。ただし使い勝手にはかなりの差があり，角度の付いたものを選ぶ必要があります。手に入らない場合はお好み焼き用のコテも使えますが，曲げるのが大変なので駄目な場合はそのまま使う事もできます。要するに表面が上手く削れれば良いわけで，使えれば何でも良いのです。

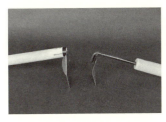

同じマテガイ専用のジョレンでも角度に差がある。右の方が角度が付いていて使いやすい

塩を穴に入れるために先端に注ぎ口が付いた容器

表面の崩れた部分を削り取ると穴の側面がツルツルした綺麗な真っすぐの穴が見えてきます。海岸の形状によって削り取り方法は様々ですが、砂浜が盛り上がっていて島のように海水が完全に干上がっている場所では、砂を斜めに削りながら進んで行くとマテガイの穴を探すのが容易です。そして、穴の中にある海水が上から見える所まで表面を削っていきます。

干潟の盛り上がった部分の砂を斜めに削るとマテガイの穴が見えてくる

海水の高さスレスレまで削るのは、マテガイを出やすくするためです。そして、その穴に塩を入れます。注ぎ口の付いた容器が塩を入れやすくて便利です。するとマテガイは塩分濃度が急に上がったのに驚いて飛び出てきます。実はマテガイだけではなく、アサリなどの二枚貝も塩を入れると、のそのそと出てきます。

穴の中の海水が見えるまで砂を削る

穴に塩を入れる

塩は固まっていないものを使い、固まってしまった場合は少

しフライパンで焼いて，サラサラにしてください。

　マテガイが一度顔を出しても，すぐに引っ込んでつかみ損ねる場合があります。逃げられたと残念がる前に，穴の周りを手で掘ってみるとマテガイは意外にも，まだ浅い場所に居ます。これはマテガイが逃げたといっても，斧足（おのあし・ふそく）の長さだけ縮んだだけで，もっと深く逃げるためには，再度斧足を長く下に伸ばし先端を穴の側面に引っかけて，再度斧足

マテガイが塩に驚いて出てくる

マテガイを掴んで引き上げる

を縮める必要があります。この運動を何度も繰り返してマテガイは深く戻るのですが，斧足を延ばしたり縮めたりするのには時間がかかるので，すぐに掘ればマテガイを捕まえる事は比較的容易です。

　干潟に盛り上がった適当な場所が無く，全体が平らで少し掘るとすぐに海水がたまるような場所では，波の跡の凸凹を見ます。へこんだ場所には海水がたまっているはずなのでマテガイの穴が見えていないか探します。上の方は細くなっているので，小さい穴でも一応塩を入れてみます。砂を削らないとマテガイ

35．マテガイの獲り方を教えてください

は飛び出にくいですが，数打ちゃ当たるの精神でどんどん塩を入れて行きます。マテガイが出るまでに確率が悪い上に，時間もかかりますが，表面が削れない場所では仕方ありません。

平坦な干潟の場合は砂を削れないため波の凸凹を利用してわずかに海水が残った穴に塩を流し込む

アナジャコの獲り方を教えてください

question 36

　アナジャコは干潟にYの字の巣穴を作っています。つまり一匹について穴が2つ開いている事になります。ためしに筒を穴にあてて強く吹いてみると，近所の別の穴から海水が噴き出します。

アナジャコは穴を掘るのが上手

　アナジャコの獲り方は48手あるなどと言われていますが，基本は筆釣りと友釣りの2つです。

アナジャコ釣りには太字用筆を使う

　筆釣りは太字用の毛筆を使いますが，当然一番安い筆で十分です。アナジャコの多い場所では専用の筆も売っているようですが，通常は100円ショップで売っている筆で問題ありません。
　まず買った筆には形を整えるために糊が付いています。これ

Chapter 2 潮干狩りをしている時の疑問

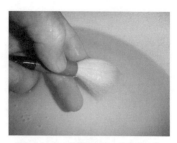

筆に付いたノリを洗剤で良く洗い水中で毛が広がるようにする

を洗剤で綺麗に洗い落とし，水に浸けるとパラっと広がるようにします。そして軽く毛に触れてみると硬い毛が混じっている事があります。これは安い筆では，毛の弾力が無いため硬い毛を混ぜているのですが，アナジャコ釣りにはこれは邪魔になりますので，一本一本丁寧に切って取り除きます。臆病なアナジャコが逃げるような硬い毛は外しておかないと上手く獲れません。

安い筆には形状を保つための硬い毛が混ぜられているので1本ずつ丁寧に切り外す

そして柄の先には梱包用バンドを括り付けます。これは筆を穴に刺した状態で，風に梱包用バンドが揺れて筆にバイブレーションを起こし，アナジャコを適度に刺激する先人の知恵です。

筆の柄には梱包用バンドを取り付ける

36. アナジャコの獲り方を教えてください

さて沢山の筆を穴に差し込んでしばらく見ていると，アナジャコによって筆が持ち上げられる筆があるはずです。縄張り意識の強いアナジャコは何かが巣穴に入って来ると排除しようとします。筆の柔らかさと感触は，臆病なアナジャコの闘争心をあおるのにピッタリの相手なのです。

筆が持ち上げられていても慌ててはいけません。押したり引いたりしながら少しづつ上に誘っていきます。そして空いている方の手の指を巣穴の上部に置き親指と他の指でいつでも挟めるようにしておきます。指の中に筆の毛の部分が入り，中でアナジャコのハサミがガチャガチャするのを感じたら，毛ごとアナジャコ

干潟ではジョレンで表面を削るとアナジャコの大きな穴が出てくる

表面を削ると無数の穴が出てくる

その穴に筆を差し込んで当たりを待つ

のハサミを掴みます。アナジャコのハサミは穴を掘るのが仕事で，手をはさむ恐れはほとんどありません。

もう一つの友釣りは筆の代わりに本物のアナジャコを使う方法です。最初の一匹は必要ですが，尻尾の所を紐で縛ります。そして他のアナジャコの巣穴に入らせます。すると巣の住民とバトルを始めます。紐を引っ張りながら中のアナジャコを誘い出し穴の上の指の中にアナジャコのハサミが入ったら掴みます。

アナジャコが筆を押し上げてきたので指を毛に添える

毛の中に動きを感じ毛ごとアナジャコを掴んだ

　紐を使わなくても，おとりのアナジャコを手で包み，アナジャコのハサミの部分に親指と人差し指，中指を当てて，巣穴にそのまま入れて行くと，中のアナジャコが反応してきます。指の

中に相手のアナジャコが入ってきたら掴みます。

　友釣りは本物を使うだけあって，反応に関しては非常に効果があるのですが，やはりおとりが弱ってしまう傾向があります。アナジャコは泥の中にいるだけあって，ある程度真水の中で泥を吐かせた方が美味しく食べれます。泥を吐かせるには元気なまま捕まえた方が良いわけで，まずは筆釣りでアナジャコに挑戦して頂きたいと思います。筆釣りですとアナジャコのハサミも筆の毛でほとんど傷みません。

一個だけの穴は何の穴ですか？

question 37

　小さな穴が２つ並んでいれば二枚貝の何かですが，大きめの穴が一個だけ開いている事があります。

　穴が大きいので大物が潜んでいるような気がして興味津々ですが，何がいるのでしょうか。

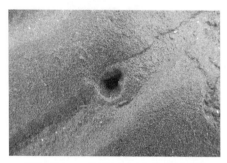

干潟で目立つ一個だけの大きな巣穴の住人は

　その穴の表面を削って行くと，マテガイやアナジャコの穴はだんだん大きくなりますが，砂の上の穴は大きいのに削るとその先がすぐに無くなります。これはイソギンチャクの穴です。

砂の上で触手を伸ばすイソギンチャクは潮が干上がると砂の中に隠れて穴だけが残る（イシワケイソギンチャク）

Chapter 2 　潮干狩りをしている時の疑問

潮が満ちている時は上部は大きく広がっていますが，岩が無い干潟では波で飛ばされないように，糸のように伸びた体の下では何かの固形物にしがみついています。

　このようなイソギンチャクは波が当たる場所によっては，穴に手を入れて掘っていくと数10cmも体を伸ばしている場合もあります。

イソギンチャクにとっては干潟では小石でも頼りになる。この中央部がうそのように伸びる

　また，マテガイの穴は側面がツルツルで直線状ですがアナジャコやボケ（ニホンスナモグリ）の巣穴はいかにも手掘りといった印象です。

Chapter 2 潮干狩りをしている時の疑問

カガミガイの殻にくっついたイソギンチャク

釣り餌として有名なボケ（ニホンスナモグリ）

カニ穴のそばには無数の砂団子がある（コメツキガニ）

37．一個だけの穴は何の穴ですか？

第3章

家に帰ってからの疑問

砂抜きが上手く行きません

question 38

　砂抜きを上手くやるには重要なポイントがいくつかあります。

　まず，一番重要なのは，アサリを元気なまま家に持ち帰るという事です。砂抜きも塩抜きもアサリにとっては大きなパワーを使う作業ですので，弱ってしまったアサリは砂抜きも塩抜きも十分にできなくなります。

　それから，実は砂の9割はアサリの殻の外側の溝に入り込んでいます。これは砂抜きの前に流水でヌルが取れるまでガラガラ洗う事で解消できます。

　次に，使う塩水はアサリの棲んでいた場所の海水が一番で，水が変わると馴染むまでに時間がかかります。

　最後の一つは砂抜きの時間です。潮干狩りの初期でしたら3時間，暖かくなってきたら2時間程度で十分で，それ以上アサリを海水に浸けておいても水質が悪化してアサリが弱るだけです。

　それでは詳しく解説していきます。アサリの持ち帰り方についてはすでに述べていますので，家に持って帰ってからの作業について説明していたします。

Chapter 3 家に帰ってからの疑問

砂抜きには平らなトレイと網がセットになったものが使いやすい

アサリの砂抜きに使う容器はなるべく平らなものを選び，アサリが何段にも重ならないようにします。中に網が付いていると，最後に体内の塩を抜く時に便利です。

シャワーなどで水を流しながらアサリ同士をこすり合わせてガラガラと表面を洗う

まず持って帰ったアサリを網の中に入れシャワーなどの流水でアサリ同士をこすり合せるようにガチャガチャと良く洗います。この段階で殻に付いていた膨大な砂が取れます。

アサリの頭がスレスレに隠れるくらいの海水を入れて砂抜きする

38. 砂抜きが上手く行きません

アサリの上にペットボトルで持ち帰った海水を注ぎます。海水の量はアサリがギリギリ隠れる程度で十分です。必要以上に海水を入れると、アサリが吐いた砂が水中を舞って、再び別のアサリの体内に入ってしまいます。アサリが隠れる程度の方が、吐いた砂が網の下に落ちやすくなります。

トレイの上には新聞紙などを乗せて暗くします。アサリは明暗を敏感に感じるため暗くする事で砂の吐き方がまったく変わります。足音などのしない静かな場所に置いておく事も大切です。

アサリを浸けておく時間は4,5月で3時間程度、6月以降は2時間を目安にしてください。長く浸けておいても海水が汚れてしまうだけでアサリが弱ります。特に夏季は海水の悪化が早いので注意が必要です。

アサリの入った網だけを上げ1時間放置して体内の塩を抜く

アサリが砂を出した後は、網だけを持ち上げて海水から出し、1時間程度室内に放置して体内の海水を吐かせます。この時間

はもっと長くてもかまいません。室内に放置しておくことで、アサリの旨み成分であるコハク酸が増えますので、3時間程度までは大丈夫です。

　塩抜きをしたアサリは、再び流水でガラガラと洗います。砂抜きの時に体内から出た砂が殻に付着しているので、洗うと再び驚くほど砂が落ちます。どの程度砂が落ちるか気になる方は、写真のように網の下にトレイをクロスして置いておくと、砂がトレイにたまって砂が落ちたのが確認できます。

　冷蔵庫で保管する場合はポリ袋に入れてそのまま4，5日は生で食べられます。ただし日数が立つにつれてアサリが弱り、味はだんだん落ちていきます。

　冷凍保存につきましては冷凍の所でご説明いたします。

どのくらいの時間で砂は抜けますか？

question 39

　アサリが棲んでいた場所の海水を使った場合で，関東では4，5月で3時間程度，6月以降は2時間程度で砂はあらかた抜けます。それ以上置いておいても海水が汚れてアサリが弱るだけですので，時間が来たら水から上げてください。海水に余裕がある場合は2時間後に海水を新しいものに入れ替え再び2時間砂抜きをすると，より完全に砂を抜くことができます。

　家で3％の塩水を作って砂抜きをする場合は，2時間では砂は完全には抜けにくいので，途中で新しい塩水に入れ替えてもう一度砂抜きをやると良いでしょう。

　本物の海水と人工海水ではアサリの砂の抜け方が圧倒的に違います。潮干狩りの帰りはお土産が石と水になりますので大変なのは分かりますが，重い思いをしただけの効果はありますので頑張りましょう。

　海水がどうしても重い場合には，小さなペットボトルで海水を持ち帰り，帰宅後に作った人工海水と混ぜ合わせる事で，人工海水だけの場合よりも，はるかに効果的な砂抜きが行えます。

　砂抜きに失敗したアサリは汁物にしか使えませんので，調理の幅がほとんど無くなります。ボンゴレやアサリご飯，酒蒸し，アサリ焼きそばなどを食べたい方は，重くてもアサリの棲んでいた海の海水を持ち帰る事を強くお勧めします。

　また，気温が低い時期や何らかの理由でアサリの身が痩せてしまう事があります。このようなアサリは殻の中に隙間ができてしまうため，砂が入り込みやすくなります。このような場合には砂を抜くのは難しくなりますので，その意味でも元気なアサリを持ち帰りましょう。

アサリは棲んでいた干潟の海水が一番砂が抜ける

39. どのくらいの時間で砂は抜けますか？

砂抜きと塩抜きの違いは何ですか？

question 40

　砂抜きはアサリの体内の砂を抜く事で，塩抜きは字の通り体内の塩水を吐かせる事です。スーパーなどで売っているアサリは，水から出してザルなどに乗っている場合，砂も塩も抜けています。

　また，海水とともにパックされているアサリは砂は抜けていますが塩は抜けていません。そのために1時間くらい水から出して置いておかないと，非常に塩辛い料理となってしまいます。

　潮干狩りのアサリの場合は，まず海水に浸けておいて砂を抜くのが砂抜きで，その後海水から上げて体内の塩水を抜くのが塩抜きです。

Chapter 3 家に帰ってからの疑問

砂抜き中のアサリ。水管を出して砂を吐いている

砂を抜いたアサリが塩辛いです。なぜですか？

question 41

　砂抜きの後に塩抜きをしたのに塩辛いとすれば，そのアサリは確実に弱っています。砂を出すのも塩を出すのも弱ったアサリには酷な作業で，その作業をするパワーがもう残っていなかったという事です。おそらく塩だけではなく砂も残っているはずです。

　潮干狩りで一番大切なことは，アサリを元気なまま持ち帰る事で，一度弱ってしまったアサリには，元気にする薬も秘伝もありません。

海水から上げられ塩抜き中のアサリ

砂抜きの時にアサリが水管や足を出しません

question 42

砂抜きの際に獲ったアサリが，長い水管を出して元気にしている様子を見るのは，嬉しいものです。

アサリを元気なまま持ち帰り，アサリの棲んでいた場所の海水を使い，水温も室温程度であれば水管や足を出して運動を始めるはずです。

逆にアサリが弱っていたり，人工海水を使ったり，水温が低すぎるなどの場合は活発には動きません。

そして，一般的には小型のアサリの方が動きが大きい傾向があります。アサリは年代物ほど大きくなるため，大型のアサリが動きが鈍いのは，お年寄りのアサリなのかもしれません。なんの動物でも子供の方が元気に走り回るものです。

また年2回の産卵期のアサリは動きが鈍くなります。身がパンパンに膨れ上がった身重のアサリは当然ですが動きにくくなります。

たとえ口の開け方が少なくて水管の出し方が甘くても，元気でありさえすれば砂は抜けますのでご心配なく。

アサリが口を開けないのには理由がある

死んだアサリは口を開かないの意味は？

question 43

　御味噌汁などを作る時に口を開かないアサリがありますが，昔から死んだアサリは口を開かないと言われます。

　結論から言ってしまえば，中身の無い殻だけのアサリは口を開かない，といったところでしょうか。殻だけで中に泥が詰まっているアサリは，もちろん口も開きませんし，逆に開かれても困ります。

　ですから口を閉じているアサリは，そっと箸で取って外しましょう，という古くからの教えのようなものです。

口を開かないアサリはそっと箸で外そう

元気なアサリと弱ったアサリの見分け方は？

question 44

　潮干狩りをしてアサリを家に持って帰ると、殻だけのアサリや死んだアサリが混ざっている事があります。死んだアサリが混ざると料理全体に臭いが付いて美味しくありません。また泥の入った殻が混ざっていても料理全体に砂が回って、せっかくの料理が台無しになります。

　そんな失敗をしないよう、潮干狩りをしている時から気を付けて、アサリを獲りたいものです。

　そして家に帰ってから、もっと完璧に元気なアサリだけを選別する方法があります。横浜野島の船宿でやっていた方法ですが、砂抜きの際に水管の出ているアサリだけを箸でつまんで選別する方法です。これ以上の方法はおそらくありません。この方法ですと弱ったアサリも選別できますので、確実に中身入りの元気なアサリだけを選び出す事ができます。水管をチョロっとしか出さないアサリもありますが、それも問題ありません。

　美味しいアサリを食べようと思ったら、潮干狩りで疲れた後の追い打ちの作業になるのですが、問題のあるアサリを完全に排除できますので、その安心感と達成感はなかなかのものです。完璧なアサリは、疲れに勝るという事でしょうか。

　残ったアサリも御味噌汁などで食べれば、もし砂が混じっていても食べられます。

砂抜きの際に元気に水管を出しているアサリだけを選べば砂は混じらない

水管を少しでも出しているのが確認できたらアサリは元気

44. 元気なアサリと弱ったアサリの見分け方は？

バカガイの砂抜き方法が ありますか?

question 45

　バカガイは殻が弱く,その閉じ方も甘いため日持ちが悪く,殻のまま流通する事はまれで,ほとんどの場合はむき身で販売されています。バカガイが殻を閉じるのが苦手なのは,バカガイが外敵から跳ねて逃げる際に使う足が長く大きいため,殻に全部を収納しにくいためです。この口を半開きにした様がバカガイの名の由来の一説です。

バカガイのむき身もスーパーでは「あおやぎ」として売られている

　その殻が完全に閉まりにくいバカガイには,体内ではなく身と殻の隙間に沢山の砂が入り込んでいます。この砂は通常の砂抜きではなかなか抜くことはできません。バカガイは新鮮な海水を循環させて何日もかけると,その砂も出すらしいのですが,潮干狩りで獲ったバカガイはそうはいきません。そこでバカガイの場合は砂を出させるのではなく,洗う事で砂を排除します。

　まず,バカガイは傷みやすいため,直ぐに表面だけざっと洗って,茹でてしまいます。口を開いたら,すぐに湯から取り出し冷水に浸します。そして身だけをプラスチックの網ボウルに入れます。水道水を上から流しながら手を左回りに回し,バカガイの身を洗います。これでバカガイの身の間に入り込んだ砂を

洗い流すわけです。なぜか右よりも左回りに手を回した方が砂が取れやすいのは、理由は不明ですが実験済みです。

バカガイもアサリと同様に熱をかけるとだんだん硬くなりますので、口が開いたらすぐに取り出すのがコツです。

身がつぶれると美味しさが外に出てしまいますので、丁寧に身を崩さないよう気を付けて回しながら、砂をしっかり落とします。

砂が落ちたら全体が水っぽくなっていますので、網ボウルのまま茹で汁に数分浸けます。茹で汁は砂だらけですので静かに浸し、砂が舞わないよう気を付けます。

茹で汁から再度むき身を上げます。

この状態でバカガイの砂抜きは完了です。

このままショウガ醤油でお刺身風に食べても良いですし、マヨネーズでサラダ風に食べるのも可能です。

もともとアサリほどの風味も味わいも無いので、一度茹でて洗ったバカガイは、この先に何かの料理に使うのには適していません。「ばかゆで」と呼ばれるこの状態で食べてください。

またバカガイの長い足の部分は「あおやぎ」という名で刺身やすしネタとして生食されています。

「あおやぎ」の刺身はバカガイの斧足

45．バカガイの砂抜き方法がありますか？

アサリの賞味期限は？

question 46

　アサリがどのくらいの日数食べられるかですが，これはアサリを元気に持って帰れるかどうかにかかっています。

　クーラーを使って完璧に持ち帰り，持って帰った海水で2時間で砂を抜いた場合で，最長冷蔵庫で一週間と考えてください。ただし味は一日ごとに落ちて行きますので，なるべく早く食べた方が賢明です。

　暑い時期にクーラーも使わず，海水に一晩つけておいたようなアサリは，数日で口が半開きになるでしょう。

　それよりも，数日で食べきれないアサリは，元気なうちに後述する冷凍保存されることを，お勧めいたします。

アサリは元気なうちに食べるのが一番美味しい

アサリの中からカニが出てきました

question 47

　アサリがカニを食べる肉食なのかと誤解される方もいるようですが，これはカクレガニという種類のカニで，自分からアサリなどの二枚貝に寄生しているのです。

　幼生の時にアサリの水管からアサリの中に入り込み，アサリのおこぼれを頂戴しながら一生をアサリの中で過ごします。

　アサリの中に棲むのはメスだけで，しばらくするとアサリの水管より大きくなり，出たくても出られなくなります。二枚貝の殻に守られているので体もブヨブヨで硬くありません。

　産卵期には体の小さなオスが水管から入り込み，仕事を済ませると再び水管から出ていきます。

　不思議な生態ですが，海の生物には我々には考えも及ばない，変わったものが多いのです。

カクレガニの殻は薄く弱い

冷凍保存法について教えてください

question 48

アサリは生きたまま保存すると時間とともに弱っていきます。当然ながら元気な状態のアサリが一番美味しいので、なるべく美味しい状態で食べたいものです。

そこで食べきれないアサリは、元気なうちに冷凍保存されることを、お勧めするわけです。現在では冷凍庫も発達しましたし、停電もほとんど考えられないので、アサリの保存方法としては最適かと思われます。

いくつかの注意点を守れば、何時でも美味しいアサリを堪能できますので、是非お試しください。皆様のアサリ生活が一変するかと思います。

まず、アサリの冷凍は調理の際にそのまま使用する事から、砂抜きした後に塩抜きし、そして殻に付いたヌルを十分に落としてから冷凍する事です。

冷凍する際は、少量ずつポリ袋に入れて保存すると調理の際に便利です。

アサリの殻を洗った後は、特に水気を拭き取らなくても大丈夫です。

そして重要なのは、一旦冷凍をしたら絶対に冷凍し続けてください。途中で温度が上がったり、調理の際にちょっとと思って室内に置いておいたりすると、口を開かなくなります。

調理の際は、冷凍しているアサリを冷凍庫から出したらすぐに、熱湯に入れて口を開かせます。その際、常に強火で水温が下がらないようにします。

つまり0度から一気に100度まで温度を上げて、殻の外と

内側の温度差で貝柱を一気に切るイメージです。そしてアサリの口が開いたら，すぐに火を止めるのが冷凍アサリの美味しい食べ方です。

　炒める場合はフライパンにキャノーラ油などを敷きフライパンを熱しておきます。そして冷凍庫から出したばかりのアサリを入れ，蓋をした後フライパンを数回回して油をさっと絡めます。そして常に強火でアサリの口を一気に開かせます。こちらも，アサリの口が開いたら火を止めないと身が硬くなります。

　酒蒸しの場合も，鍋に日本酒（料理酒は塩気があるので不可）を入れて鍋を十分に熱した後に，冷凍庫から出したばかりのアサリを投入します。やはり強火で熱し続け，温度が下がらないようにします。そして上と同様に口が開いたら火を止めます。

　冷凍をすると経験上，3ヶ月程度は好きな時にアサリを食べる事ができて便利です。ただし日数が経つと，少しずつ口を開かないアサリが出てきます。実際には3ヶ月分のアサリを冷凍する方は，専門業者さん以外おられないと思いますので心配する必要は無いでしょう。アサリは半年でも冷凍保存そのものはできますが，だんだん口が開きにくくなってきます。ただし，開かないアサリも，悪くなっているわけではないので，半開きの口にお玉やスプーンを差し込むと，簡単に口を開いてくれます。

獲った貝の美味しい食べ方は？

question 49

アサリご飯

【用意するもの】

アサリ400 g，お米3合，日本酒カップ1杯，昆布つゆ大さじ1杯，針ショウガ少々。

1) 米3合を研いで水を切っておきます。
2) 鍋に日本酒カップ1杯とアサリ400 gを入れ，酒蒸しにしてアサリの口を開かせます。
3) アサリの口が開いたら火を止め身を取り出します。
4) アサリとダシに昆布つゆを大さじ1杯加えて少しだけ温めます。
5) アサリだけを取り出し別皿にとっておきます。
6) 研いだ米にダシを加え，足らない分の水を加えて針ショウガを少しだけ混ぜて炊き上げます。
7) お米が炊き上がったらシャリ切りをしながら，とっておいたアサリの身を加えて混ぜ合わせます。
8) アサリご飯を茶碗にもったら上に針ショウガを散らします。
9) お好みで山椒の葉，シソの葉，刻み海苔などを乗せても美味しいです。

アサリご飯

アサリのパスタ（2人前）
【用意するもの】
　パスタ2人分，アサリ400 g，ニンニク3片，玉ねぎ中1個，オリーブ油大さじ2杯，醤油小さじ2杯，大葉3枚，コショウ。

1) パスタ2人前を茹でておきます。
2) フライパンにオリーブ油大さじ2杯でニンニク3片のみじん切りを炒めます。
3) 玉ねぎのスライス切りを加えて炒めます。
4) アサリ400 gを加えて蓋をしアサリの口を開かせます。
5) 醤油小さじ2杯を加えて味を整えます。
6) 皿に盛ったパスタの上にかけます。
7) パスタの上に大葉の細切りを乗せて最後にコショウをかけます。

アサリのパスタ

アサリと玉ねぎ炒め（4人前）

【用意するもの】

アサリ500 g，玉ねぎ中1個，ニンニク3片，サラダ油大さじ2杯。

1) ニンニク3片と玉ねぎをみじん切りにしておきます。
2) フライパンにサラダ油大さじ2杯を敷き，中火でニンニクを炒めます。すぐに焦げ目が付きますので，玉ねぎを入れて炒めます。
3) 玉ねぎに焦げ目が付き始めたら，アサリ500 gを投入しフライパンに蓋をします。
4) アサリの口が開いたら火を止め，フライパンを回しながらアサリと玉ねぎを絡ませます。
5) ポイントは調味料を一切使わない事です。アサリ本来の美味しさを十分に楽しめます。
6) お皿に盛ったらでき上がり。家族や仲間だけなら，フライパンから直接食べる方が美味しいです。
7) 食べ方はアサリの殻で玉ねぎをすくいながら食べます。

　4人分となっていますが美味しすぎて2人でも，あっという間に食べてしまいます。

アサリと玉ねぎ炒め

貝殻をスプーン代わりに

アサリ焼きそば(2人前)
【用意するもの】
　アサリ400ｇ,焼きそば2玉,細めの万能ネギ5本,酢大さじ1杯,醤油大さじ1杯,日本酒4分の1カップ,コショウ少々,キャノーラ油(サラダ油)大さじ3杯。

1)　フライパンを火にかけてキャノーラ油大さじ2杯を敷き焼きそばの玉2つを焦げ目が付くくらいまで箸でほぐしながら強火で焼きます。油が焼けて煙が出ますが,しっと

アサリ焼きそば

りした麺から表面の油分と中の水分が飛んでパサパサになります。焼きあがったら別皿に取っておきます。
2)　フライパンを火にかけてキャノーラ油大さじ1杯を敷きアサリ400ｇを入れます。全体にアサリと油が絡んだら日本酒4分の1カップを入れて蓋をし中火で酒蒸しにします。
3)　アサリの口が開いたら火を弱火にします。醤油大さじ1杯と酢大さじ1杯を加え手早く混ぜ合わせます。
4)　すぐに取っておいた麺をフライパンに加えて中火にし,アサリの汁を十分に吸わせます。同時に5㎝程に切った細ネギを合わせます。
5)　ネギがしなる手前で終了です。お皿に盛って,上にコショウをかけたらでき上がり。

アサリ丼（2人前）

【用意するもの】

アサリ500ｇ，ご飯，日本酒4分の1カップ（50cc），みりん大さじ1杯，醤油大さじ1杯，砂糖大さじ1杯，万能ねぎ，刻み海苔少々。

1) 鍋に日本酒4分の1カップとアサリ500ｇを入れて蓋をし酒蒸しにします。
2) アサリの口が開いたら身を取り出し別皿に取っておきます。
3) 鍋の汁にみりん大さじ1杯と醤油大さじ1杯に砂糖大さじ1杯を加え，煮詰めてタレを作ります。
4) 丼2杯分のタレに煮詰まったら，取っておいたアサリを入れて混ぜ合わせます。
5) ご飯を入れた丼にアサリとタレを入れ，細かく切っておいた万能ねぎを散らし刻み海苔を乗せます。

アサリ丼

ハマグリのお吸い物(2人前)
【用意するもの】
　　ハマグリ中4個,乾燥ワカメ小さじ2分の1,昆布つゆ小さじ1杯,酢小さじ2分の1杯

1)　水400ccを入れた鍋に乾燥ワカメ小さじ2分の1とハマグリ4個を入れ火をつける。
2)　ハマグリは口を開いたものから取り出しておく。
3)　昆布つゆと酢を加えて味を整える。
4)　ハマグリを鍋に戻して,少しだけ温める。

ハマグリのお吸い物

マテガイのオリーブ油炒め（2人前）

【用意するもの】

マテガイ10本，玉ねぎ中2分の1個，ニンニク3片，オリーブ油大さじ2杯，乾燥バジル少々，塩少々

1) マテガイは獲った場所の海水に4時間程入れてアクと細かい砂を抜いておく。
2) その後1時間程網ボウルに入れて海水から上げ塩分を吐かせる。
3) ニンニクを薄くスライス切りにする。
4) 玉ねぎを薄くスライス切りにする。
5) フライパンにオリーブ油大さじ2杯を入れて強火で熱する。
6) ニンニクを炒め焦げ目が付き始めたら玉ねぎを入れて炒める。
7) マテガイ10本の表面を流水で洗いフライパンに入れる。
8) マテガイの口が開いたら，バジルと塩を振って味を整え蓋をして強火で1分程蒸す。

マテガイのオリーブ油炒め

第4章

もっと知りたい潮干狩りの疑問

クロダイがアサリを食べる？

question 50

2016年，浜名湖の潮干狩りがアサリの激減で中止になったというニュースが流れました。その原因がクロダイにあるというのですが，初めて聞く珍説に釣り好きの私は，どういう事なのかという疑問が沸いてきたのです。

釣り人に人気のクロダイ

コケしか食べない鮎などと違って，クロダイはお腹がすくと何でも食べるのは広く知られています。それでもイシダイでもあるまいし，アサリの硬い殻を激減させるほどバリバリ食い尽くす歯なんて持ち合わせているはずもないクロダイが，本当にアサリを食べたのだろうかという疑問も沸いてきます。

しかも浜名湖のクロダイは総じて小型だし，本当にアサリ激減の真犯人なのでしょうか。

実際の話は，もともとアサリは環境の悪化や乱獲のうえに天敵ツメタガイの繁殖などで非常に減っていたわけです。そこで，潮干狩りのためにアサリの稚貝を放流したのですが，その稚貝がクロダイに根こそぎ食べられたというものです。

なるほど，それなら分からないでもないですね。クロダイ釣

りには小型のアケミ貝やイガイもエサに使いますから。クロダイの腹からアサリの貝殻が沢山出てきたのが，動かぬ証拠となったわけです。

いくら稚貝でも潜ってしまうと面倒なので，食べたとすれば撒くと同時に池のコイよろしく，ガリガリ食べたのに間違いありません。

こんな顔でアサリを食べていた？

後で知ったのですが，クロダイはアサリどころではなく，カキも食べるそうです。そんな強靭な歯とは思っていなかったのですが，指でも噛まれたらクロダイに持っていかれてしまいます。

カキをバリバリとはクロダイもワイルドだな。

日本全体にアサリの漁獲量は目に見えて減ってきています。犯人説は色々変わってきていて，ヒトデやらツメタガイやらナルトビエイやら，そして今回はクロダイというわけです。

うん，何だかちょっと違いませんか。

どう考えても一番の犯人は我々人間ですよ。

アサリは適した干潟さえあれば，毎年間違いなく沸いてきます。

つまりアサリが生息できる干潟自体が減っているのです。

東京湾はかつては湾全体が潮干狩り場といって良いほどの広大な干潟が広がっていました。数kmある干潟の先端まで歩いて行くと戻ってこれなくなるため，船を仕立てて潮が満ちている時に沖に行き，干潮時には貝を掘って，再び潮が満ちてくれば，船に乗って帰ってくるという行楽が江戸時代には流行しました。

そして時代は下り，干潟は埋め立てるのが容易な事もあり，四方八方からコンクリートで埋め立てられ，現在埋め立てを逃れた干潟は，東京湾では千葉の盤州（ばんず）干潟と横浜の野島海岸だけになってしまいました。

それでも人工海浜である横浜海の公園でのアサリの繁殖をみると，アサリは生息に適した干潟さえあれば繁殖しようと身構えているように思えます。

干潟を人工的にでも増やして行ければ，毎年アサリが大発生して大勢で潮干狩りも楽しめるようになるはずです。

釣り場では場所取りやオマツリで結構トラブルが多いのですが，潮干狩りでは言い争いを聞いたことがありません。女性や子供が多いせいもあるのでしょうが，アサリを無心で掘っていると，心が平和になるのでしょう。

やはり思った通り，潮干狩りは史上最強のアウトドアだった。

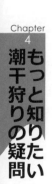

50．クロダイがアサリを食べる？

アサリは砂が好きなんですか？

question 51

　干潟は砂や泥でできています。砂の中には様々な生き物が過ごしており，あんな真っ暗な所を好き好んで，と思われるかもしれませんが，当人たちにとっては住めば都のはずだし，弱い生物にとっては敵に襲われにくい安心できる場所でもあるのです。

　砂の中の生物たちは普通に砂も一緒に食べたり吸ったりしているので，体内にはだいたい砂や泥が入っています。

　人間の食卓に並ぶ事のない生物たちは，泥を食べようが何を食べようが，我々には関係ありませんがアサリやハマグリは違います。

　我々はニワトリではありませんから，砂の混じった食事をするわけにはいきません。

　アサリの砂が完全に抜ければ問題ないのですが，なかなか上手く行かない事も多いのです。

　アサリやハマグリは，もともと砂抜けの良い貝なのですが，砂が残る事があるのはなぜなのでしょう。

　アサリは砂の中で水管や足を出している際に貝殻の口が開いています。当然ながら貝と身の間に空間があれば容赦なく砂や泥が入り込んできます。

　身がプリプリのアサリなら，入り込もうとする砂をプリっと蹴散らし

水管と足を出して呼吸している時にはアサリは砂の中で殻を開いている

51. アサリは砂が好きなんですか？

て，貝殻の外にはじき出すところですが，寒い時期の身が痩せたアサリや弱っているアサリには隙間ができ，どうしても砂が入り込んでしまいます。

それでも元気なままアサリを持って帰れれば，少しくらい身が痩せていても砂抜きの際に，殻の外に砂を出してくれるでしょう。

弱ったアサリはそれもできず，もっと弱れば塩分を外に出すこともできず塩漬けアサリになってしまいます。

そのためにもアサリを元気なまま持ち帰れるように，帰る際にはクーラーに入れ，砂抜き用の海水は別にペットボトルなどで持ち帰る必要があるわけです。

それともう一つ大事なことは，ハマグリの殻はツルツルなので表面に砂が付きにくいのですが，アサリには小さな溝が走っていて表面に砂が付きやすいのです。そのため，アサリをザルなどに入れ，アサリ同士をガラガラこすり合わせて流水で良く洗う必要があります。

美しい花にはトゲがあり，美味しい話には裏がある。そして，美味しいものには砂がある。

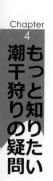

500年生きたハマグリがいるそうですが

question 52

アサリの殻には年輪が付いています。

冬場はあまり活動しないため殻も大きくならず，春からは活動が活発になって，殻の周囲にアサリはどんどん炭酸カルシウムを塗り付けて大きくなっていきます。

アサリの年輪は樹木の年輪と同様に1年ごとに輪が加わるので，殻を見れば年齢が分かるわけです。

2006年大西洋アイスランド沖の海底から，400年以上生きているハマグリの仲間が発見されました。400年も生きているのだからシャコ貝のように大きくなったのかと思ったら，わずか8.6cmとの事にビックリ。

当然ながら年輪は非常に小さく顕微鏡で詳しく数えてみると405年から410年間生きていたそうです。結局この調査でハマグリの寿命は尽きてしまったので，残りの寿命を想像はできないのですが，それでもこれまでの最高寿命370歳の貝よりも長生きだった事になります。植物では千年杉など寿命の長いものは沢山ありますが，動物としては最高齢という事です。

潮干狩りで獲れるアサリにも，もちろん年輪が付いています。だいたい我々が獲るアサリは2年物から3年物が一般的で，10年物など出会った事もありません。

ただし，大きいアサリを獲った時は嬉しいのですが，食べてみると期待ほどではありません。アサリの寿命は7，8年と言われているので5年，6年物というとお爺ちゃんお婆ちゃんアサリになってしまいます。大きなタイが意外と美味しくないのと同様，アサリも美味しいのは2，3年物なのです。

さて400年以上生きた貝の話には続きがありました。

3年物のアサリ

　まず，貝の寿命が尽きたのは検査の際ではなく，一緒に採取した200個の貝とともに船上で冷凍されて寿命が尽きたとのこと。あと何年生きるか分らない貴重な貝の寿命を調査で終わらせてしまったと，相当数の非難が調査チームに来たそうです。

　この貝はアイスランドガイという二枚貝で，電子顕微鏡で年輪を数えるのと並行して，放射線炭素年代測定法でも測定し直すと実際には507歳だったというのです。

　507年生きても8.6cmにしかならなかったところを見ると，とても栄養豊富な海とも思えず，まさに貝のように静かに，507年を生きてきたのだと思えます。

　507年の寿命の間には怖い事やら嬉しいことなどあったのでしょうか。ただ何となく507年を生きてきたのでしょうか。

　500年前の妖怪が出てくる話はありそうですが，あれは生きているわけではないし，507年の時を，激動する歴史の海

の底で，ひっそりと本当に生きてきたのです。

　木の実を食べてアサリを掘っていた縄文時代の生き方なら500年は人間にとっても受け入れられる期間かもしれませんが，現代は考える事も情報量も増えすぎました。500年前の教育を受けた人間が今を生きるのは，なかなか大変だと思えます。

　年とともに物忘れが激しくなって，毎日入って来る情報のほとんどは右から左に抜けて行き，考える事もほとんど無くなって，まさに貝のような老後を迎え土に返っていく。それが，自然な事なのだと思えます。

　貝のようになどと思うようになったのも，自分が鬼籍に入る時が近づいてきているのでしょうか。

横に泳ぐ変なエビの不思議

question 53

　春の潮干狩りでは海草の近くでヨコエビという，エビに似た変な生き物に出会います。

　エビはちゃんと上を向いて泳いでいるし，砂に隠れたりするのですが，このヨコエビはずっと横になったまま泳ぐのみで，せっかくの海のスペースを2次元にしか使っていません。

ヨコエビはずっと横のままで泳いでいる変な奴

　昔，神様が海の生き物を集めて，海での生き方とルールを教えていました。その時に勝手に横を向いたり，後ろと喋ったりして落ち着きのない生物が一匹だけいたのです。それがヨコエビだったのですが，神様はあまりの態度の悪さに「そんなに横を向きたければ，ずっとそうしていなさい。」といってヨコエビの体を横向きにして，二度と起き上がれないようにしてしまったという……。

　というような昔話がありそうな，この1cmほどの生物は，アサリを獲っているほとんどの人には見向きもされません。

ヨコエビは春の潮干狩りでは必ず一回は出会う生物ですが，実は確認されているだけで世界中で5000種程もあり，とても種類を特定できないし，潮干狩りで出会ったものは，全部ヨコエビと呼ぶしかありません。

　名前にエビとは付いていますがエビの仲間ではなく，むしろワレカラに近い甲殻類です。ワレカラも横に泳ぐので似ていると言えば似ています。ワレカラも神様に叱られたのかな。

　ヨコエビは魚などのエサになっているのですが，釣りの餌にした話は聞いたことがありません。針になじむ形だし，エサ持ちも良さそうなので，効果があるのなら使われているでしょう。本当に美味しいのなら，珍味としてでも市場に出回っているはずです。

　まあ見ただけでオキアミの方がはるかに美味しそうだし，実際オキアミのかき揚げは，人間が食べても美味しいですからね。

　そんな事よりもヨコエビの種類の多さに生物の神秘を思うのです。

　こんな小さな変な生物の種類が，確認されているだけで5000種もいるのに対して，肌の違いや宗教で色々もめる事の多い人類は，地球上では大きな顔をしていますが，たったのヒト1種だけなのです。

アサリって動けなくて何だか可哀そう？

question 54

　鳥は空を自由に飛び，魚は海を泳ぎ回ります。セミだって5年間は土の中でも，最後は外に出て自由に飛び回れるのに，アサリときたら一生砂の中で可哀そうと思われるかもしれません。

　ところが砂の中で一生を暮らすアサリにも，自由に泳ぎ回れる期間があるのです。

　アサリが生まれて着底するまでの2, 3週間程は潮流に乗ってある程度自由に動いています。そして着底する際には足で砂を触って，棲みやすい場所かどうかを確かめ，場所が気に入らなければ再度浮遊し次の場所を探します。

　そして気に入った場所が決まるとそこに着底して，その後の一生を過ごすことになるわけです。

　当然ながら，気に入った場所は他のアサリにも住みやすい場所なので，同じ海岸でもアサリが固まっている場所とほとんどいない場所ができてしまいます。

　自由に泳げるのは楽しそうですが，実はアサリにとっても他の海洋生物にとっても，生まれたばかりのプランクトンの時代は無防備で，魚などのエサになる，もっとも危険な時代なのです。だからアサリも本音では，少しでも早く住処を決めて，砂に潜りたいと思っているに違いありません。

　人間なら簡単には引っ越せない事情の人もいるでしょうが，隣町の方がサービスが充実しているとなれば，そちらに引っ越すこともあるでしょう。特に待機児童問題や小学校，中学校の評判などは重大で，親は真剣に引っ越しを考えます。

　しかしアサリの方には引っ越しはありえず，人為的なアサリにとっては不本意な移動さえ無ければ，一度着底した場所で一

Chapter 4
もっと知りたい潮干狩りの疑問

生を過ごすことになります。

　棲みやすいと思って着底した場所が人気の潮干狩り場で，すぐに見つかってしまい，獲られた翌日の御味噌汁の具になる，運のないアサリもいるでしょうし，逆に着底する良い場所が見つからず，仕方なく着底した場所が，天敵が少ない場所で10年の寿命をまっとうした巨大アサリが，海の底で笑っているかもしれません。

アサリに気に入ってもらえない海岸にはアサリは着底しない

　アサリが着底してくれるかどうかはアサリ次第なので，いくらアサリに沢山来て欲しいと人間が思っても，アサリがその干潟を気に入ってくれなくては何も始まりません。

干潟をアサリに気に入ってもらえるようにするためにはどうしたら良いか。

　誘致運動ではありませんが，干潟にアマモを植える事によって，かつての海の姿を取り戻そうという運動もあり一定の成果を上げています。アサリの獲り過ぎに対する禁漁対策で効果を上げている海岸もあります。

　日本中の多くの干潟を埋め立ててしまった結果，アサリの棲家は狭まったのだから，砂浜を埋立地の先に人工的に造ればアサリの棲家が増えるという考えもあります。

　アサリの減少を補うために稚貝を撒いて育て産卵させたとしても，その子供たちに気に入ってもらえなければ他の場所に着底してしまい，人間側のアサリを増やしたい目論見も，結局一代限りとなってしまいます。

　奥さんに気を使い，飼い猫にも気を使い，アサリにも気に入ってもらえるように気を遣う漁師さんって，本当に大変な職業と思いますよ。

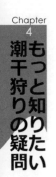

歩くのが下手な丸い体のカニとは？

question 55

　砂浜を歩いていると体の丸い小さなマメコブシガニに出会います。

　岩場にいるカニは隠れるところが多い上に，どれも異様にすばやく，ゴキブリのように動くので，捕まえるのは大変なのですが，このカニは動きが鈍く，子供たちにもすぐ捕まってしまいます。

　少し観察していると鈍い中にも動きが少しおかしいことに気づくでしょう。

マメコブシガニ

　そう，このカニはエッサーホイサー前に歩くのです。

　足は他の横歩きのカニと同様の形なのに前に歩くのでは，足がぶつかって速く歩けないのも無理はありません。目も前方を見つめるため寄っています。ひょっとすると遠近感には優れているのかもしれません。

　童話のカニの絵を見ると，どれも離れた目が飛び出て書かれているので，やはりマメコブシガニはカニとしては不思議な形です。

　海辺の動物を捕まえようとした時，カニは横に逃げ，エビは

後ろに逃げます。

魚たちは方向転換が異様にすばやくすぐに逃げてしまいます。人間は，動物はすべて前方に動くものと脳で思い込んでいるので，この行動に慣れるまでは，変則逃亡法にてこずってなかなか捕まえられません。

その点マメコブシガニは前方に，のそのそと歩くので，子供たちのお相手にぴったりです。

動きが鈍いのをカバーするため捕まると死んだふりをしたりもします。

繁殖期には2匹がくっつたまま前に歩いているのを見るのは微笑ましい，というか人間に見つかったので，くっついたまま逃げているのです。

「人の恋路を邪魔するやつは，馬に蹴られて死んじまえ」という言葉もあるくらいですから，そのような時はそっとしておいてあげましょう。砂に潜る時は前に歩くのを突然ストップしてバックで潜り始めます。

柔らかい砂だと忍者のようにスーッと潜ります。そう，砂に潜るのだけは早いのです。2匹一緒でも重なったまますばやく潜ります。

日ごろはボーとしているのにやる時はやる。そんな男に私もなりたいものです。

実は2匹がくっついてるように見えたのは脱皮の途中だったらしいという事が，後に判明しました。

なるほど，パンツを脱ぎながら逃げていたのか。うーん，そんな男にはなりたくないな。

シロハマグリの正体は？

question 56

　ウチムラサキとカガミガイの中間のような変な貝，ホンビノスが東京湾で繁殖しています。

　このホンビノスを販売する時に，ハマグリと同等の大きさで殻に模様が無い事から，流通上シロハマグリと呼んでいるのです。

　変な貝というのはなじみが無いだけで，形が変なわけではないし，食べてみるとなかなか美味しい貝です。

　ホンビノスは北アメリカ原産の大きな貝で，日本にはもともといなかった貝なのです。

　汚染にも強く，他の貝がほとんどいなくなったような場所でも元気に生きています。

　このような強い貝が入ってくると生態系に色々変化があるかもしれません。

　すでに繁殖してしまったものを根絶するのは不可能だし共存するしかないので潮干狩りの対象として考えてみましょう。

　まずホンビノスは砂をほとんど体内に取り込まないので食べやすいのです。ただし泥地のものは泥が入っているの

ホンビノス。殻は白くて似ているので間違えられやすいウチムラサキとカガミガイは次のとおり

ウチムラサキ。ウチムラサキは大アサリの名前で売られたりしている。小さいころは形がアサリにとても似ている。溝がアサリとは90度違うので良く見ると分かる

ウチムラサキの殻の内側は紫色。殻の内側が紫色なのでウチムラサキの名前がついた

で，アサリのように砂抜きを十分にしてください。身も大きく食べ方も色々ありそうです。味もウチムラサキより上かもしれません。北米ではクラムチャウダーにしたり，レモンをかけて生で食べたりするそうです。

カガミガイ。カガミガイはドラ焼きのような形。カガミガイに比べるとホンビノスの方は全体にボテッとしている

　殻も厚いので，ふざけて投げあったりしたら凶器にもなりそうな重さと硬さです。そして殻は硬いくせに，意外にもろく，ガチャガチャやっているうちにポコっと割れたりします。貝柱の力が強いので，外からの刺激に殻を閉じすぎて自壊するバカな貝です。まさにバカガイの殻の厚いバージョンです。分厚いくせに意外と簡単に割れる安物の湯のみのようです。

　内湾の干潟ではまったく獲れなくなったハマグリの代わりに，姿こそハマグリに及ぶべくもありませんが，巨大ハマグリ並みの大きさの美味しい貝の登場です。

　交通機関が発達した現代では，昔は考えられなかった生物の移動が起こっています。もう，止めようが無いのかもしれませんが，仕返しにアサリを北米にばら撒かないでください。

　白くてデカイ。まさに初めて西洋人を見た時の日本人の感覚でしょう。

　ハロー，ウェルカム。

潮干狩りが何で「ひおしがり」？

question 57

　漢字を見れば明らかに「しおひがり」と読みます。

　生粋の江戸っ子の言葉では「ひ」と「し」がグシャグシャになっているのはよく知られていますが，グシャグシャになっているだけで，どちらかが発音できないわけではありません。「ひ」が発音できないのなら「しおしがり」だけになるはずなのに，ご丁寧にひっくり返して「ひおしがり」と発音したりしています。

　江戸っ子は「ひおしがり」と発音はしていても，読み方を書けと言われたら，すまして「しおひがり」と書くかもしれません。それでも，江戸っ子でない人たちは「ひおしがり」と聞いたら聞こえる通り「ひおしがり」と書くしかありません。

　「しおひがり」は「し」と「ひ」が両方入っていて，しかもひっくり返って発音されたりするので，下町の方では子供のころから聞きなれた「ひおしがり」と思い込んでいる人もいるわけです。おまけに先ほどの「しおしがり」や「ひよしがり」の声も聞こえたりして混乱に拍車がかかります。まあこれだけ色々連発されると訳が分からなくなった人もいるでしょう。

　江戸弁では「瀕死の白鳥」は「しんしのはくちょう」になるし，「東，若乃花」が「しがーし，わかのはな」にもなる。「貧乏しまなし」「十二しとえ」「シット速報」「しとでなし」など「ひ」を「し」に置き換えたものが多いです。

　江戸弁のべらんめえ口調では，舌の先端より少し奥を使う「ひ」より，先を使う「し」の方が早口でしゃべるのに適していたと思われるのですが，この言葉は標準語にはなりませんでした。標準語にならなかったのは，明治以降の薩長の言葉の影響といわれています。

お江戸,上野の不忍池に浮かぶ白鳥たち

　冷静に考えると潮干狩り場では幼児が「ひおしがり」と言っているのをよく聞くし,「高島屋」を「たかしやま」と言っているのもよく聞きます。子供たちは舌が未発達なので言いやすいように言葉を変えているのです。

　江戸っ子の舌だけが未発達なわけはないのでしょうが,早口すぎて正確に発音ができないうちに「べらんめえ口調」として定着していったのではないでしょうか。

　江戸っ子になりたいシトは「ひおしがり」を連発すると江戸っ子になった気がするかもしれません。

　もう少し進みたいシトは,シあたりの良いシろ間で,シマな時に,シとりで,シッシに練習しなさい。

　完全な江戸っ子への道は遥かに遠いようですね。シき際も大切だヨ。

どぎつい黄色の
ラーメンの正体は？

question 58

　岩が混じる海岸などで潮干狩りをしていると黄色いラーメンのような塊を見る事があります。

　太さもちょうどラーメンのようで，これが「ウミゾウメン」と呼ばれるアメフラシの卵です。

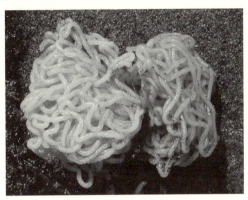

アメフラシの卵。ウミゾウメン

　管のようになっていて，良く見ると管の中には卵が沢山入っています。卵のある場所には，近くに親のアメフラシも見つかるものです。

　アメフラシは巻貝の仲間で貝殻は退化して薄くなり，体にわずかに付いているだけです。

　アメフラシは雌雄同体である事は広く知られていますが，一匹で生殖活動ができるわけではありません。

　前半分がオスで後ろ半分がメスの役目をしているので，メスの役目を果たそうと思えば，別のアメフラシの前半分が必要なわけです。

アメフラシ

　胴の長いアメフラシを選別，養殖して，中国雑技団のような厳しい柔軟訓練をし，体をくるっと丸めて一匹のアメフラシで生殖活動を完了させられたら大発見かもしれません。

　こんな事が実際にはできないのも，子孫の繁栄のためには，なるべく遠い相手の方が遺伝子的に有利だからでしょう。

　カタツムリも雌雄同体ですが，生殖活動ではお互いの卵子と精子を交換するので，自分の物だけで手軽にすませるわけではありません。

　自分だけですむのなら，食事に誘ったりプレゼントをしてご機嫌をとる必要も無く，自分がOKと思えば相手もOKなので話はやたら早くなります。

　まあ話としては早いのですが，何だかそれも情けない話ですね。

ヤドカリの数と貝殻の数が合わない時は？

question 59

　砂浜や岩場でチョコチョコと歩いているヤドカリは，子供たちの良いお友達です。小さな子でも簡単に捕まるし，手の上でも歩いたりしてペットにしたいくらいの可愛さです。

　ただし名前の通り，宿は借りているだけなので，体が大きくなると次々に大きい貝殻に住み替えなければなりません。

　希望の大きさの貝殻が転がっていれば住み替えは簡単なのですが，適当な貝殻がない場合は大変です。他人の貝殻を力ずくで奪ってしまうのです。

ヤドカリ。ちょっと家が狭いなぁ

　さすがに生きた貝を追い出す事は面倒なので，仲間の貝殻に狙いをつけると，住んでいるヤドカリを引きずり出します。

　大きい貝殻には大きく強いヤドカリが住んでいるので，大きい貝殻の割りに住んでいるヤドカリが小さい，つまり分不相応

な家に住んでいるヤドカリに狙いを定めます。

　貝殻を大きい順に並べて，順に隣の貝殻に住み替えれば平和に事は運ぶのですが，こと領土，土地，住宅に関しては人間様と同様，妥協は許されません。少しでも，住みやすい家を求めて激しいバトルを繰り広げるわけです。

　すると，当然はじき出されるヤドカリも出てきます。そのようなヤドカリは何かに早く入らないと，丸裸の柔らかい体を他の魚などに食べられてしまうため必死です。その場合はプラスチックのフタでもゴムのチューブでも入り込んでしまいます。

　力ずくで立派な家に引っ越せるのなら，我が家の周りにも住みたい家は沢山あります。「素晴らしい実力世界だ」と思っても，腕っぷしに相当自信がないと，すぐに追い出される危険もあります。

　何だか落ち着かない，ストレスのたまりそうなヤドカリ生活なんですね。

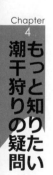

59．ヤドカリの数と貝殻の数が合わない時は？

ナメクジが貝の仲間？

question 60

　カタツムリが巻貝の仲間だというのは形を見ればすぐに分かります。でも、気持ちの悪いナメクジも巻貝の仲間なのです。

　貝殻は退化して体の中に小さな名残が残っているだけですが、顔もあるし口も目もあります。

　顔無しのアサリなどよりは、はるかに進化した貝なのです。

　しかし、その貝が私の枕元を這っていたとしたら……。

　そう、ナメクジは獲ってもいないのに、家に勝手に入って来る唯一の貝なのです。

　風呂場に入って来るのは自主的に入って来たのでしょうが、枕元のナメクジは明らかに違う。

　だいたい、私の寝床の周りにはスズメやら蛾やらバッタから時にはゴキブリまで出現するのです。ヒヨドリが来た事もあるし、夏はセミが多いんですよ。

　青大将の子供が枕元にいた事も一度だけあります。この時はどうする事もできず傍観するだけでした。最後に割り箸でつまみトイレに流しましたが、ヘビの体は予想外に軽くなかなか流れない事を発見しました。

　実はこれ、もうやめてくれと言ってはいるのですが、ミャーといって返事だけは良い家の猫たちの仕業なのです。

　彼らは特に野性的なわけではなく、花壇の花に付く実をカラスが食べに来るので、手すりの下に黒い靴下を吊るして置いたら、猫の方が怖がって窓から入って来れなくなったというくらいの臆病な猫なのに。

　臆病ではあっても猫は猫。弱い相手には、向かうところ敵なしのハンター。

どこの猫も収穫物を主人に見せたがるらしいのですが，アサリの収穫を家族に自慢するどこかのオヤジに似てませんか。

怒っても，どうせ猫なので効果なし。

ところで黒猫のノアちゃんには野良姫のタマちゃん（仮名）というガールフレンドがいて，タマちゃんは野良なのですが子供を度々産むので，捨て猫防止協会の方に捕獲カゴを持ってきてもらい，捕まえて避妊手術を受けさせました。

その際一部費用を負担して，手術後のアフターにカゴのまま一晩泊めてやった仲なのです。

そのタマちゃんはその事に恩義を感じているらしく，毎夜我が家の前に来てノアちゃんと遊んで行くのです。その際エサのカリカリをやると，どこから出るのか必ずナメクジが皿に2〜3匹は入って来るのです。

普段は分からないけれど，土の中からでも沸くのでしょうか。私の枕元に現れたナメクジも皿の底に付いて，家に入って来たものなのでしょう。

ナメクジが美味しければ皿に入っても問題ないのですが，猫はバッタは食べてもナメクジは食べない。トカゲを食べてもナメクジは食べない。動きも少ないので遊ぶにも面白くないようです。

雨の後などは十匹近く皿に乗っている事もあるナメクジ

きっと殻が無くても誰も食べないくらい不味いのでしょう。

殻を捨て去った貝は，たとえ丸裸でも誰にも食べられない程

に不味く進化した，自信たっぷりの不味さ最強の体なのです。
　まさに究極の猫またぎ。
　ナメクジが猫や鳥にとって珍味ならば，根こそぎ食べられてこの世にナメクジは存在していないかもしれません。
　我々でも汚い格好で渋谷を歩いていたら，キャッチセールスも寄ってこないでしょう。職務質問はされるかも？

風が吹くと桶屋が儲かる？

question 61

　古くから言われる話なのですが，なぜそうなるかは意外と知られていません。

　なぜ知られていないかというと，そのいきさつがあまりに古くて現代では良く分からないからなのでしょう。

　説明します。

1) まず風が吹くと，砂ぼこりが舞い砂が目に入る。
2) 中には砂ぼこりで目が不自由になる人も出てしまう。
3) 目が不自由な人が増えると三味線を生業にする人が増える。
4) 三味線を作るために猫の皮が必要になる。
5) 猫が減ると，ネズミが増える。
6) ネズミが増えると，桶がかじられる。
7) 桶の修理で桶屋が儲かる。

　というわけなのですが，現代に当てはまる事柄はひとつもありません。

　砂が目に入れば眼科が繁盛するだけの話だし，目の不自由な人が三味線というのも，現代の多様な職種からすればいまひとつピンときません。

　現在では三味線には犬の皮の方が丈夫なので，猫の皮は使っていないというし，ネズミの駆除も今の猫では頼りになりません。

　風呂桶など100円ショップで各種売っているわけですから，桶屋が今も存在するのかも分からない時代なのですが，ことわざ自体は今も使われています。

　このような遊びの論法を使えば，「潮干狩りの本を買うと君

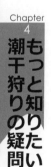

は大金持ちになれる」などという荒唐無稽なことわざも簡単に作れてしまいます。

　さて，潮干狩りで風が吹くと良い事でもあるのでしょうか。

　まず一番の問題は「風の強い日は潮が引かない」という事です。

　本州の太平洋岸ならば北風が吹けば海水は外に押されて潮が引く論法も成り立つのですが，残念ながら冬ではないので，潮干狩り場に吹く風はほとんどが南西風や東風です。

　特に午後には風が出やすいものです。風の強い日は潮が引か

干潟では風が吹くと潮の引きが悪くなる

ず，超最適のはずの日が普通の日になったりしてしまいます。

　風の強い日は干潟に入れる時間も遅れますし，上がりの時間も早まります。台風などではもちろん潮干狩りはできませんが，低気圧の影響も加わって１m以上も潮位が上がる事もあります。

　この異常潮位に大波が加わり満潮と重なったりすると海水が陸地に流れ込み大きな被害が出たりするわけです。

　だいたい，砂浜では風が強いと砂ぼこりが舞って目に入ったりして最悪の状態になります。

　では，風が吹いて儲かるのは誰なのでしょう。

　お土産のアサリが獲れなくて沢山売れる海岸のアサリ販売店でしょうか？

　風が吹けばアサリ屋が儲かるのかな。

61. 風が吹くと桶屋が儲かる？

「ワレカラ食わぬ上人なし」ってどういうこと？

question 62

　干潟を良く見ていると，海藻のそばで細い全長3cm程の体の赤い生物が伸びたり縮んだりしながら動いているのに出会います。

動く時は横になって伸びたり縮んだりして進むトゲワレカラ

　海藻にくっついてしまうと同化して，ちょっとやそっとでは見分けが付きません。時々緑のものも見つかりますが，彼らは緑の海藻に付いています。

　これはワレカラという生物で陸の昆虫でいうとカマキリのようでもありナナフシにも似ています。ただ，どこに内臓が入っているかという思うくらい体が細くて，骨だけの体のように見えます。泳いでいる時はやたら落ち着きが無く，カマキリと違って撮影は容易ではありません。

　ここで，海には変なやつが居るものだと誰もが思うはずなのですが，問題は海藻によくくっついている事

オゴノリの間に潜む一匹のワレカラ（中央）

なのです。ワレカラが混ざって刺身のツマになっていても誰も気づかないでしょう。

題名のようなことわざがあるくらいだから，私も食べているし，あなたも食べている。それくらい，彼らは海藻と一体化しているのです。

ワレカラがひそむ刺身のツマのオゴノリ。干潟では赤茶だが茹でて刺身のツマになる時は緑色になる

まあ分類学的には節足動物門・甲殻綱・軟甲亜綱・端脚目・ワレカラ科に属するので，早く言えばエビやカニのお友達です。

まあオゴノリの中にワレカラがいても一緒に茹でれば毒ではないし，多分，食べたとしてもカルシウムが入っていて少しは栄養にもなっているのでしょう。

気にしないで一緒に食べてしまいましょう。

オゴノリは海水の中では黒っぽく見え砂の間に生えている。固まっているのと波でユラユラゆれているのですぐ見つかる

≪ワレカラ食わぬ上人なし≫

殺生を禁じている仏教の最高位にある上人でさえ，ワレカラはオゴノリに混じって食べているだろうと，仏教の厳しい戒律を皮肉ったことわざ。

潮干狩り美人の謎

question 63

　江戸時代には，春の大潮になると一般庶民だけではなく，良家の子女たちもお供を連れて潮干狩りを楽しみました。

　日常では近くで見る事ができない，美しいお嬢様や高貴なお姫様たちに合えるのを楽しみに，潮干狩りに出かけた男衆も多かったようです。

　レジャーが多様化した現代でも，家族で一緒に楽しめる気楽なレジャーとして，潮干狩りの人気は高く，干潟には小さい子を連れた若いお母さんたちが多いので，綺麗な人に出会うと確かにウキウキします。

　様々な人々が潮干狩りに出かけるわけですが，王様でも，IT長者でも，子供でも等しくアサリを獲るチャンスがあるというのは，だれもが仲良くなれる，とても平等なレジャーとも思います。

　さて，美人を描いた潮干狩りの浮世絵は江戸時代に多く出回りました。こんな潮干狩り美人に会えるのかと，春になると期待一杯で出かけた連中もいたはずです。春はそんな季節でもあるのですね。

　ところが実際には，潮干狩り場の宣伝チラシに載っているグラビアアイドルばかりがいるわけでは無いのと同様，浮世絵に描かれた絶世の潮干狩り美人ばかりがアサリを掘っているはずもありません。

潮干狩り美人（作者・製作時期不明　著者所蔵）

Chapter 4
もっと知りたい潮干狩りの疑問

潮干狩りの後姿は皆美人

　それでも潮干狩りは楽しくて，お土産もできて，帰ってから食べるのも楽しみの一つです。

　そんな浮世絵をながめると，江戸時代というのは徳川幕府が300年近くも続いた平和な時代だった事がよく分かります。

　綺麗なお姫様を見るために潮干狩りに行きたいというのも，平和な江戸時代ならではのちょっとした庶民の刺激だったのでしょう。

　それにしても現代は，激辛食品，絶叫マシン，ガチンコ格闘技と刺激が多く，少々の事では驚かなくなっています。

　そして，刺激，汚染，添加物に強いゴキブリのような人間だけが，進化の過程で生き残るのでしょうか。その時，頭に長い触角でも付いていたら怖い話です。

　飛べるのだけは楽しそうだな。

寿命の尽きたアサリはどうなる？

question 64

いつもは砂の中に隠れているが一本の長い水管を砂から出していて弱った生き物の匂いをかぐとノソノソと出てくるアラムシロガイ。

長いアンテナを振りながら進む干潟の掃除屋アラムシロガイ

余程嗅覚が鋭いらしく死んだ貝を置いておくと、どこに隠れていたかと思うほどゾロゾロと出てきます。

シオフキの死骸に群がるアラムシロガイ

弱ったアサリに集団で取り付いている事があるので、アラムシロガイの集団の下を見るとアサリがいたりします。アサリの

口が開いていなければ死んではいないので，救出して家に持って帰ると，時間を置かなければ美味しく食べられます。

カニの死体に群がっている事も多く，死んだ二枚貝にも群がって集団でムシャムシャ食べています。ゆえに海の掃除屋とも呼ばれるわけですが，元気な生物には取り付かないのでしょうか。

元気なアサリの上に10個のアラムシロガイを乗せたらどうなるか実験してみた事があります。アラムシロガイたちはしばらくウロウロしていましたが，結局皆どこかへ消えてしまいました。やはり臨終近い生物の匂いを敏感に感じているようです。

アラムシロガイの名前は，おそらく江戸時代に戸板に乗せた死体にムシロをかけた所から，死肉に群がる貝ということで呼ばれたのではと思われます。

アラムシロガイ

貝殻の表面には色々の付着物も多くムシロのようでもあり美しくはありません。アンテナのような長い水管は先端に大きな

穴が一個開いていて不気味な気もします。

だがこの貝も干潟の生態系の中では必要な存在で，アラムシロガイのおかげで死んだ貝や魚などは迅速に処理され地球に帰っていくのです。

アラムシロガイの御味噌汁

殻も汚いし身も小さい上に日ごろの行状も知っているので食べるのは気持ちが悪いのですが，物は試しと食べてみました。

ところが死肉を食っているくせに，その味はちゃんと苦味もあって意外に珍味だったのです。

そういえば人間も牛の死体，マグロの死体，リンゴの死体？，キャベツの死体？と生きたまま食べているわけでもありません。

生食いはシラウオの踊り食いくらいのもので，猫がスズメを獲って食べているほうがはるかにグルメなのかもしれません。

もし海で釣った魚に醤油でもかけて，その場で生きたまま食らいついたら，さぞワイルドで美味しいのでしょうか。

しかし魚は沢山釣れても，同行の彼女には一発で逃げられるでしょうね。

潮干狩りは重労働なの？

question 65

　大多数の日本人が農作業をしていたころと違って，現代人はあまり腰を曲げる事がありません。

　クマデで干潟を掘る時に，立ったまま腰を曲げたり，しゃがんで掘ったり，片足をついて掘ったり，最後は座りこんで掘っている人など，態勢も様々です。

　イスやクーラーに座って掘っている人もいますが，あれは究極の楽チン潮干狩りなのです。

　だいたい同じ姿勢を続けると疲れるので姿勢を色々変えてみるのですが，その中で黙々とアサリを掘り続ける集団がいたりします。

　1）　やたらパワフルで元気。
　2）　しゃがんだまま，いつまでも同じ姿勢を保持できる。
　3）　掘り終ると仲間同士，大きな笑い声でしゃべっている。

　もちろん見ればすぐ分かるのですが，60歳を超える女性の集団です。

　この年代の女性たちはなぜかどこの潮干狩り場にもいて実に元気です。黙々としゃがんだ姿勢でアサリを獲り続けている。

　まさに椅子の生活や洋式のトイレが普及する前の世代の方々です。

　しゃがんだ状態で足の裏が大地にピタリと張り付くように安定しているため，何の心配も疲労も無くクマデで砂を掘る事に専念できるわけです。

　中には右手でクマデを使い，すぐに左手で砂をまさぐりアサリを選び出し，おまけに口まで同時に動いているつわものもいます。笑い声がやたらデカイのも特徴です。

アサリだから逃げませんが，釣りだったら隣のオヤジに海中に蹴落とされているところです。

　渋谷系，秋葉系という言葉があるように，私は自分の中で彼女らを干潟系と呼んでいます。

　おっ，今日の干潟系はやけに元気だなという具合です。

　その年代でも男性陣は少しだらしないようですね。

　すぐに立ち上がって腰をたたいたり，ラジオ体操もどきを砂浜で披露している人もいます。

　披露はしているのですが，もちろん干潟では誰も見る人はいません。

　干潟では皆，貝堀りに夢中で，人の事など誰も見ていません。だから迷子が多いのでしょう。

　春の休日などひっきりなしに迷子の放送をしています。迷子には遺伝もあるようなので，心当たりのある人は，子供に全身黄色か赤の服を着せるようにしましょう。

迷子の味方，ライフセーバー

　ところでコンビニの前で一晩中しゃがんでいる若者たちの姿勢も，潮干狩りには適しているとは思うのだけれど，彼らは潮干狩りには行かないのでしょうかね。

サキグロタマツメタは
どこから来たの？

question 66

　宮城県の東名浜海岸では2004年度の潮干狩りが突然中止になりました。

　始まる事は始まったのですが，あまりの不漁に客の苦情が殺到して，漁師さんたちはボコボコ状態になったようです。

　試し掘りをしなかったのかと言う疑問はさておいて，原因は渤海から輸入されたアサリに混じっていたサキグロタマツメタです。

サキグロタマツメタ

　潮干狩りで貝が獲れないと文句を言う人たちは，別にクレーマーというわけではなく，家族の手前，ちょっと文句の一つも言ってみたくらいの事だろうと思います。

「お父さん。本当に沢山獲れるの？」

「お父さんに任せておけばバッチリだ」

　などという会話が前夜親子で交わされていたとしたら，一言文句を言いたくなる気持ちも分からないでもありません。

　サキグロタマツメタはアサリなどの二枚貝に小さな穴を開け

て柔らかな内臓を食べてしまいます。

　子供のサキグロタマツメタは小型のアサリを狙うため、大きなものも小さなものも軒並み食べられてしまいます。

　漁師さんたちには気の毒な気もしますが、お隣の万石浦では3年前から潮干狩り客がサキグロタマツメタを一定数捕まえたらジュースと交換するようにしていたのです。

　はからずも東名浜の大事件で、この方法の正しかった事が証明されたわけですが、今のところ防御法は人海戦術で駆除するしかないようです。

　サキグロタマツメタは有明海と瀬戸内海の一部で以前より生息していたらしいのですが現在は絶滅状態といわれています。

　現在中部、関東、東北にいるものは、中国産、北朝鮮産のアサリに混じって来た渤海産のものなのです。

　宮城県で大繁殖した理由は不明ですが緯度も近いので、おそ

ツメタガイの卵塊すなぢゃわん

らくは渤海の生息状況に似ていたのでしょうか。

　泥質の場所よりも砂地を好むので，行状とは違って彼らは綺麗好きなのです。

　ところで，アサリくらい出身地の表示のはっきりしない物も珍しいですね。現在市場に流通しているアサリは渤海産が多いとされています。ほとんどは国内産か中国産と称して販売されていますが，実際には北朝鮮からの輸入が一番多いといわれます。北朝鮮産も移動を繰り返すうちに中国産や国内産に変わるのでしょう。まあ同じ渤海の事だし，アサリも区別ができるわけではないので政治的にはともかく，食べるほうとしては大した問題ではありません。

　そしてアサリは住む場所でわりと簡単に殻の色が変化するようです。汚い場所のアサリも綺麗な砂浜に置いておけば，そのうちに綺麗な体と殻になるらしいのです。

　さて，嫌われ者のサキグロタマツメタですが，佃煮に甘辛く煮詰めると非常に美味しく食べられます。駆除は大変ですが食べるのは大歓迎。要するに皆で寄ってたかって食べてしまえば良いのです。

注：2017年現在，東名浜も万石浦も潮干狩り場は休止しています。

アサリは水から煮るべきか？

question 67

　二枚貝の加熱方法として様々な説があります。
諸説その①　ハマグリは水からアサリは湯から
諸説その②　貝は水から
諸説その③　シジミは水からアサリは湯から

　一応代表的なものはこの3説ですが，こんな調子ではメチャクチャで誰もが混乱してしまうでしょう。何事も各種の説が存在する場合はどうでも良い場合も多く，二枚貝の加熱方法も結局そんなものかもしれません。

　各説にはそれぞれ主張する人たちの根拠が付け加えられています。

- ハマグリは湯から煮ると口が開きにくく，半分くらいは開かないものが出る。
- アサリは水から煮ると火が通り過ぎて身が硬くなってしまうので，沸騰してから入れて口が開いたところで火を止めると，アサリの身が柔らかくて美味しい。

　人によっては水から煮るとアサリは匂いが出て臭くなるので沸騰した湯に入れるよう薦めています。

　私自身は子供のころから「貝は水から」と思っているので，まずハマグリを沸騰した湯に入れて口が開くかどうか実験してみます。

　予想通り沸騰した湯からでもハマグリの口は全部オープンしました。ただしハマグリ

生きたアサリは水からでも湯からでも綺麗に口を開く

は殻が厚いので開くまでは結構時間がかかります。

　また，水から煮た時は殻が開く時間はほとんどそろうのに，熱湯からでは殻が開く時間が個体によってバラバラなのも非常に不思議です。

　水から煮る場合は時間がかかっても，沸騰するまでは開かなくて当然と思っているので，ジッと我慢をしているのかもしれませんが，熱湯の場合はイライラして口が開くのを待てなかったのではと思われます。

　貝は水から煮たほうがエキスが汁に出て美味しいです。シジミは水からというのも小さなシジミの場合は身を食べるよりも汁を飲むほうが重要なので，エキスを出すための先人の知恵とも言えるでしょう。

　となると，ハマグリとシジミは水から煮るというのはどの説でも一致しました。

　問題はアサリで，大きいハマグリと小さいシジミは水からで，なぜかアサリだけ意見が分かれるのは不思議ですね。まあ，どう調理してもアサリは美味しいという事なのかもしれません。

　とはいっても，アサリはシジミと同じように水から煮たほうが，確実に美味しい味が出ると思います。

　水から煮ると匂いが出るというのは，弱ったアサリが混じってたのではと思うのですが，その場合は熱湯に入れたとしても匂いは出るでしょう。

　熱湯に入れても全部の殻が開くまでには時間がかかるので，結局熱い湯で煮すぎてしまいアサリの身が硬くなる事にもなります。

ですから水から煮て殻が開いたら火を止めて，御味噌汁を作られることをお奨めします。

　殻が開いたところで火を止めれば，身が硬くなる事もありません。

　熱湯にアサリを入れると，貝の旨み成分が身に閉じ込められるように思いますが，長く煮続けると結局はすべて水中に溶け出すという事です。

　このあたりが結論では無いでしょうか。

　エッ，結論が分からない？

　アサリは水から煮るです。

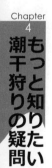

アサリを食べる
ナルトビエイのなぜ

question 68

　アサリなどの二枚貝を捕食する魚としてはナルトビエイが知られています。

　もともとは有明海以南に多かったのですが、温暖化で海水温が上がったためか、瀬戸内にも多く現れるようになり、アサリの被害が多発しました。もう少し水温が上がれば中部、関東と北上して来るのでしょうか。

ナルトビエイは水族館の人気者（サンシャイン水族館）

　体形も米軍のステルス爆撃機のようで、バットマンをも連想させ、いかにも手ごわそうです。

　体の形から海水を扇いで砂の上部をはたき飛ばし、出てきたアサリを次々と食べる技でも使うのかと思ったら、それ程の技は持ち合わせてはいないようです。

　顔を砂に突っ込んでアサリをくわえ、丈夫なアゴで殻を割って身だけを食べ、殻は口から吐き出す無骨な食事風景です。

　人間がブドウやスイカを食べて種を吐き出すのに少し似ていますね。

瀬戸内のアサリ漁獲量が激減したのは，このナルトビエイのせいだという意見が強いのですが，ナルトビエイの出現とアサリの不漁が同時に来たので，犯人説が広がったのでしょう。

我々のように春の大潮だけ干潟に出てクマデで掘るのとは違い，ナルトビエイのアサリ捕食は生活そのものであり，一年中アサリを探して食べ続けているわけですから，被害も深刻なわけです。

ナルトビエイは食用としては流通していませんが，姿を見るとヒレの先端はフカヒレに似ています。

エイヒレも食用になっているのですから，フカヒレの代用として食べられればありがたいのですが，そうは上手くいかないのでしょうか。

ナルトビエイは可愛い顔と口をしている（サンシャイン水族館）

体が平らなので全部がエンガワだったらとか，中身を取って座布団にとか，かなわぬ夢は広がるのですが，今のところ利用法の決定版は見つからず，駆除したナルトビエイは魚粉にして肥料にしている状態だそうです。

高く売れるような利用法が見つかれば駆除も盛り上がるのでしょう。

ナルトビエイの釣堀でも開けば強引な引きに一時はにぎわいそうです。

でも釣り餌はやっぱり大きなアサリ？

バカガイから寄生虫？

question 69

　潮干狩りでバカガイを獲るとアサリより二回りは大きいので内心うれしくなるかもしれません。

　でも，通りすがりのオバサンに，「それ，バカガイだよ」などと言われようものなら無性に腹が立つかもしれません。

　「バカガイを獲ったお前もバカだ」と遠まわしに言っているのではと邪推したりもするのですが，相手がヘラヘラ笑っていたりしたら，笑顔を返しながら俺の目は笑ってはいないぞ。

　バカガイは，砂が抜けにくいのは事実だし弱りやすいのも事実なのですが，砂はいくつかの方法で抜けるし，食べてみるとこんな美味しい貝もありません。

バカガイは放射状の模様があるものと無いものがある

　スーパーの鮮魚売り場でバカガイの長い足の部分だけを「あおやぎ」の刺身として売ってるのですが，足だけを刺身で食べて身は捨てるなど，神をも恐れぬ悪魔の所業というべきでしょう。

　悪魔になりたくなければ身も食べてみるしかありません。

　最近は砂抜きバカガイのむき身もスーパーの店頭で見かけるようになりました。

　アサリに比べて大きいので一口で食べない人がいるらしく，

半分かじったところで体内から奇妙なものを発見する人たちが出てきました。形が細長く半透明でスルリと体から抜けるため,「バカガイの一部では無いのではないか？」という疑問もわき,「これは寄生虫なのではないか」という事でお店にクレームも寄せられているそうです。

バカガイの晶体

　これは二枚貝ならどれにも存在する消化酵素を含む晶体（しょうたい）というもので胃の内部にあるものです。

　アサリは小さいため,誰もが一口で晶体ともども一緒に口に入れているから気づかないだけなのです。

　シジミにももちろんあるのですが,小さくて身自体を残す人さえいるので話題になる事さえありませんでした。

　今まであまりなじみのなかったバカガイのむき身から出てきたので問題になりましたが,ハマグリだったら誰も気にしなかったのかもしれません。ハマグリなら安心して一口で食べるのでしょう。

　つまり,食べた人は,名前がバカガイなので一口で食べれず,恐る恐る口に運んでいたのではとないかと思えるのです。

　名前から受ける印象は強いので,子供に名前をつける時は良く考えたいものです。人間だったら役所が一発で改名申請受け付けるでしょうね。本名バカガイは無いよ。

優雅なパラサイト生活

question 70

　アサリやバカガイなどの二枚貝を食べているとカニが中から出てくる事があります。これは貝がカニを食べたわけではなく，カニが貝に寄生しているのです。

　寄生しているのはカクレガニのメスだけで，子供の時に入水管から二枚貝の体に入り込みそのまま一生を貝の中で過ごします。

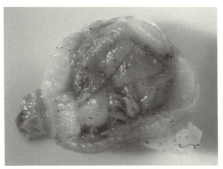

シオフキの体内に住み着いたカクレガニ。薄い膜ごしにカニが見える。中央左下部分がカクレガニ。左が甲羅。右が足

　寄生するのは勝手ですが，相手を選ばないと命にかかわる事態に陥ります。ボケっとした相手に住み着くとすぐに渡り鳥に突付かれて一緒に食べられてしまうし，立派なアサリに住み着くと，あっという間に人間に獲られて茹でられてしまいます。

　その点シオフキに住み着いたカニは，なかなか人間に獲られないので命が長いかもしれません。

　ところでオスはどこに行ったかというと，カクレガニのオスはメスの数分の1程の大きさしかなく，産卵期に入水管から

メスのお宅に入り込みます。

　メスがオスを呼ぶのか，オスがとりあえず次々と入ってみるのかは分かりません。入ってみたら先客がいたりして，メスを争って話し合いでもするのでしょうか。

　まとまらない場合は，メスに決定権があるのかもしれません。
「結婚を前提にお願いします！」
「ごめんなさい！」

　オスが普段どこにいるのかはよく分かっていません。
　亭主元気で留守が良いの典型ですね。
　メスは他人に寄生して，オスは自分で自立して男になるのでしょうか。メスだけが他人に寄生した優雅な生活を送っているのに，オスは外で寒風に吹かれて辛い放浪生活を送っているのかもしれません。

　いや，多分オスも，もっと夢のような場所で，上げ膳据え膳の殿様生活を送っているはずと思いたいものです。

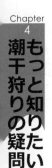

Chapter 4　もっと知りたい潮干狩りの疑問

君子危くない事には近寄るよ

question 71

　若いお母さん方が小さい子を連れて潮干狩りをしているのは見ていて微笑ましいし，お母さんたち同士の会話を聞くのも楽しいものです。

晴天の下での潮干狩りは楽しい

　仲間のお母さんたちに「ものすごく大きなアサリが獲れたよ」などと大きな声で呼んでいるお母さんがいたりすると，そのお母さんの声はたいてい必要以上に大きいので，回りの人たちまでピクッと反応したりします。でも反応はしても聞こえない振りをしているのが，見ていると可笑しいです。

　私はそのような声がした時には，お母さんなんか見ないで，周りの人たちの様子を観察します。

　ピクリと足を動かして数センチ移動したり，下を向くふりをして腕の間から声のほうをチラリと見たり，色々なんです。非常に興味があるのはミエミエなのですが，正面から見るのは失礼と思うのか，すぐに反応する自分が恥ずかしいと思うのか，知らん振りをしています。

　知らん振りはしているのですが，どんなにアサリが獲れているのかは見たくてたまらない。これは，普通の日本人の感覚だ

と思います。

好奇心旺盛な子供たちに対して、どっしり構えている、かつての君子タイプもいます。

君子でなくても家長たるもの、やたらな風評や騒動でジタバタはしません。無理してでも、どっしり構えているのですよ。

クマデと貝網さえあれば潮干狩りはできる

ただ、どっしり構えている振りをしているだけで、どんな大きなアサリが獲れたかは、見たくて見たくて仕方がない。しかし、一歩を踏み出す勇気が無い。でも、人のアサリを見に行くくらいの事に、はたして勇気など必要だろうか。

「ちょっとお前見てこい」などと子供に言うようになったら、オヤジの威厳も地に落ちますよ。相手の奥さんが思いっきりタイプだとしても、別にプロポーズをするわけでは無い。それに危うい場所では無いんですから、君子だったら見に行きましょう。

周りの楽しい様子には過剰反応する、思いっきり素直な人間になってみてはどうでしょう。

楽しい情報に落ち着いているのが君子などとは、間違っても思わないほうが良いと思います。良い情報にはダボハゼのように食いつくのも現代の君子像なのです。

でも、「ここは大きなアサリがジャンジャン獲れるよ」の声に思いっきり反応して、一族郎党でワーっと寄って行ったら、まあ普通に嫌われるでしょうかね。

これ君子の話では無くて自分の事だったのかな。

71. 君子危くない事には近寄るよ

平潟落雁 とは？

question 72

　東京湾にもかつては巨大干潟が存在していました。春の大潮には沖まで歩いていくと，とても戻れない10km沖まで潮が引いたそうです。東京湾岸全体が大干潟であったと言うべきでしょう。

　江戸時代にも幕府が自分で埋め立てた土地は埋め立てた者が所有することを許可していたため，埋め立ては盛んに行われました。当時は石を一つ一つ運んで埋め立てるもので，埋め立ての速度は知れたものでしたが，日本人の土地に対する執着心は非常に強く，結局かなりの海岸が埋め立てられました。

跡とむる真砂にもしの数そへて　しほの干潟に落る雁かね
「金沢八景」より「平潟落雁」　歌川広重
金沢文庫入り口のトンネル内のタイルより

　明治以降は機械化が進み，それまでとは桁違いの速度で，次々とその干潟のほとんどが埋め立てられ姿を消してしまいました。現在でも昔の姿のまま残っている干潟は千葉県木更津の盤州

（ばんず）干潟と，とても小さな横浜の野島海岸だけです。

　人工海浜も各所に造られましたが，全体から見ると微々たるもので，江戸時代の面影はありません。

　その中でも野島海岸は歌川広重の浮世絵が残っていて現在の姿と比較することができます。

　私は広重の浮世絵と同じアングルで写真を撮るために，金沢八景の野島海岸に出かけ，撮影する場所を探していました。そして撮影したのがこの写真なのです。手前は船が通るため水路になっており干潟との境は堤防で仕切られています。そして，その堤防に乗っかってシャッターを押したわけです。最初は水路の反対側から撮影したのですが堤防が写って面白くありません。ものすごく邪魔なんです。堤防さえ無ければ遠景で現代の広重写真が撮れたのに。

現在の平潟落雁

さて堤防とはいえ鉄板一枚がジグザクになっているばかりのもので，乗るにはあまりに足場が悪すぎます。私はサルではないし運動神経もイマイチで，おまけに高所恐怖性なのです。その鉄板堤防の上を弱ったゴキブリのように這って先に進み，セミのように堤防にしがみついて写したのがこの写真です。きっと帰りは後ろ歩きのゴキブリのように見えたと思います。それにしても体が重くなったものです。まだまだ，若いものには負けないぞと思っていても，このような際どい場所では体力やバランス感覚の低下が身にしみます。

　動物カメラマンなどは数週間でも小さな小屋に入って，シャッターチャンスを待ち続けるというし，戦場カメラマンなどはまさに命がけなんです。

　それに比べると鉄板堤防によじ登るなど，足を踏み外しても，せいぜい干潟に頭から落ちてドロンコになるくらいのものと思います。

　それでも，こんなのん気な写真ですが，撮影者はそれなりに命がけだったのです。

青い空の下のアオサの下は？

question 73

　7月に入ると，もうすぐ関東では梅雨が明けます。

　そんな時期の晴れ間は青い空が広がり気温も上がります。

　波打ち際を見るとアオサが茂り，緑のじゅうたんのようです。6月には少しだけあるなと思っていたアオサも，あっという間に何重にも重なって，踏むと20cmもズボッと沈んだりします。

　アオサが茂り始めるとアサリが掘りづらくなるので，人々はアオサの少ない沖を目指します。

　アサリの成長はこの時期は異様に早く，あっという間に大きくなるのですが，それ以上に茂ってしまうのがこのアオサなのです。

アオサを掻き分け潮干狩り

　アオサの下は獲る人が少ないため，アサリの一大ポイントなのです。それを知っている人はアオサをかき分けてアサリを掘っています。アオサのじゅうたんの下はアサリやシオフキ，マテガイにカニも沢山生息しています。

　だがそれも程度問題で，アオサが一面に生い茂り，強い太陽で枯れ始めると大変な事になります。アオサが緑のビニールシートのように砂浜を覆い始めると，海水も循環しづらくなる

波打ち際に打ち寄せられたアオサ

ので酸素が不足し始めます。完全には潮が引かないためアオサ交じりの海水は異様に温度も上がります。

7月にアオサの下を掘ってみると，死んだシオフキが非常に多いのが分かります。酸欠になるとまずシオフキがやられるのです。マテガイも苦しまぎれに砂から出て，アオサの下の方にいるので，アオサをどければ塩なしでも獲れたりします。

シオフキの次はアサリに影響が出始めます。ちょうど赤潮の発生時期と重なるので，そんな場所のアサリは前年の秋生まれが多いものです。つまり運悪くアオサの下に棲んだ春生まれのアサリは夏が越せないのです。

アオサは，かつてはニワトリの餌にしたり食べたりする事もあったらしいのですが，今ではほとんど利用される事もありません。

海の公園ではこのアオサの駆除に千万円単位の費用がかかるというのですが，放置された緑のじゅうたんは，やがて色があせ白く色の抜けた汚いじゅうたんとなって海に帰っていくのです。

注：一般に食品として流通しているアオサはヒトエグサで別種。

続く車の行く先は？

question 74

　大潮の休日になると海岸への道は潮干狩りに行く家族連れの車が長く続きます。「まさかこの全部が」とは思っても，この先は潮干狩り以外，行く場所も考えられません。「何か他に穴場でも」とかすかな望みも湧くかもしれませんが，結局みんな仲良く潮干狩りに行く事になるのです。

　そう，潮干狩りだけは誰もが潮時と勝負の，出かけたい日と時間まで一緒の遊びなのです。

　この長い行列は干潟まで続き，時間と勝負の潮干狩りの干潮時間を過ぎてようやく駐車場に入れたものの，潮は満ち始め服を濡らしながらの潮干狩りは，収穫も今一つだったりします。

潮干狩りの牛込海岸へようこそ

　楽しい潮干狩りのはずが，「あんたが早起きしないからだ」とか「お前の化粧が長いからだ」などという言い争いを聞くと春が来たなあと思います。

牛込海岸潮干狩り案内図

　9割方，奥様がご主人に突っかかっているのは，男が優しくなったせいなのでしょう。

　お怒り中の奥様に近づくのも恐いですが，沢山獲っている人の横に近づくのもまずい。潮干狩りの時にはアサリの鬼と化している場合もあるので，刺激しないほうが良いと思います。

　吸血鬼に吸われると二本の牙の痕が残りますが，忍者クマデ

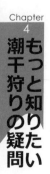

で手でも引っかかれたら五本の筋が残ります。まさかとは思いますが，本物の熊にも負けない恐怖のクマデ攻撃です。

ストーカーが裁判所から半径500m以内に近づくのを禁止されたりするように，他の人からはマナー的にも最低2mは離れるようにしましょう。

あまりアサリが獲れない時でも，潮干狩り場は親切なもので，ちゃんとアサリ料理を食べさせてくれるようになっているのです。

だいたい漁師さんが経営している場所なので気さくで値段も高くありません。

潮干狩り場には貝料理が食べられる食堂が並んでいる所もある。ツメタガイも食べられる（千葉牛込海岸）

食事をしたり話したりしているうちに，帰りの車も空いてくるでしょう。ただし，運転手は一杯だけはやらないでください。

そして帰りの車も，皆一緒の時間なので込み合うのですが，これらすべてを含めてまた来たくなるのも潮干狩りの楽しさなのです。

無人島で獲り放題の貝を掘っても何も面白くないはずです。皆で掘るから楽しいのです。

家族で潮干狩り，仲間と潮干狩り，そして人込みにもまれての潮干狩り。人なんて1万人いても，10万人いても仲間がいるほど楽しいものです。

いや，実際に10万人集まられても困るんですけどね。

74．続く車の行く先は？

アサリで真珠ができますか？

question 75

　アサリから真珠が見つかったというニュースが，時折紙面をにぎわします。私のアンテナが特別にアサリに向いているので話が大きくなりましたが，にぎわすというのは言い過ぎで，大抵は小さな写真付きの3，4段の記事が地方版に載る程度です。意外と珍しい事ではなく，時々ある話です。

　アサリが真珠を作るのは養殖真珠に使われるアコヤガイと同様に，何かの拍子に外套膜内に入り込んだ異物の周りに，貝殻と同じ炭酸カルシウムが付き始める仕組みです。アサリがアコヤガイに比べて小さいなんて関係ありません。4年物5年物になれば中々の大きさになりますし，真珠が入るくらいの厚みは十分に満たしています。

　そして何よりもアサリには殻に様々な色や模様を発色する，まさかの能力が備わっています。ブルー真珠，イエロー真珠，網目真珠，紅真珠，金真珠，一つとして同じ模様のない，世界で一つだけのアサリ模様の真珠，こんな真珠が本当にあったら良いですね。まあ実際には色は付かないで貝殻の裏側の銀白色になる訳なんですが，色々な色が発色すると想像した方が楽しい事には違いありません。ブルー真珠ばかりを繋げたブルーネックレスとか，ヘビ模様ばかり集めてスネークネックレスとか夢は広がります。

　ただし良く考えてみると，そんな真珠美しいはずもありません。真珠は深い銀白色一色だからこそ人を引き付けるんです。多くの色や複数の書体を使った文章が見にくくて落ち着かないのと同様，色々な模様のアサリ真珠を集めても，汚いだけでしょう。そして茹でたとたんに全部茶色になってしまったりし

Chapter 4 もっと知りたい潮干狩りの疑問

たら，たとえ妄想ではあっても，御味噌汁の全部茶色になったアサリの貝殻を思い浮かべて，悲しいアサリ真珠です。

　大体，最初に養殖真珠を始める際にはアコヤガイだけではなく，他の貝も色々試したはずなので，一番身近なアサリも一応は試したのではないでしょうか。そしてアサリは真珠の養殖には適当ではないという結論になったはずです。

　そう言えばイルミネーションも，ＬＥＤの三原色がそろって様々な色が出せるようになってから，何だか全体が味気なくなりましたね。白熱球の時代は一色しかないので，それなりに引き込まれたものですが，色数が増えると紙クズの山のようにまとまりが無くなってしまったようです。

アサリと証城寺を合体させた，木更津にある「あさりのぼこちゃん」像。本当にアサリからタヌキが出てきたら真珠よりビックリ

　さてアサリ真珠で儲けられないのなら，アサリを沢山獲って儲けてやろうなどとは考えないでください。アサリの漁獲量は

真珠は冠婚葬祭すべてに使える万能ジュエリー

近年急激に減少しており，潮干狩り場の規則もだんだん厳しくなっています。クマデと網も指定のもの以外は使えず，クマデの持ち込みさえ禁止されている潮干狩り場もあります。手持ちのクマデ以外は禁止の場所がほとんどで，以前は許可している海岸もあったカイマキ（アサリマキ，ジョレン）ですが，現在では私の知る限り幅15cmという制限はあるものの，使える海岸は横浜の海の公園だけになってしまいました。

つまり買う事はできても実際には使えない，時速300km出せるスポーツカーのようなものになってしまったのです。

人間は悪知恵を働かせて，アサリを沢山獲るために，色々道具を工夫する生き物らしいのです。そして潮干狩り場の側でもビックリするような珍発明品が登場し，結局全部禁止にして，クマデも網も潮干狩り場で貸し出すものだけしか使えないというような事態に陥ったのでしょう。生活を便利にするための様々な工夫が，人類を進化させてきたのは間違いないのですが，戦う相手が漁師さんになるような工夫は控えるべきでしょう。

潮干狩りとは己の欲望との戦いの事である。
人生とは欲望を捨て去った後の楽しさの事である。

潮干狩り場でカイマキを使うこと
は禁止されている

潮干狩りラインとは？

question 76

横浜市金沢区にある海の公園は、超人気の潮干狩り場です。毎年シーズンになると、在京のテレビ各局で潮干狩りの込み合う様子が映し出されます。

春の海の公園は芋を洗うどころでは無い混みよう

かつては海の人込みというと、湘南の片瀬海岸での、芋を洗うようだと評された海水浴風景が放映されていましたが、今では海の公園のアサリ掘りが、海の混雑風景の定番となりました。

海の公園の砂浜は、千葉県の浅間山（せんげんやま）の砂を東京湾の海底に一旦沈めて馴染ませた後、再度吸い上げて造成したとの事です。湘南と違って鉄分が少ないため白砂が美しい人工海浜です。

1980年に海の公園の砂浜ができ、すぐに熊本産のアサリが撒かれました。後にも先にも撒いたのはその一回だけで、後は勝手に繁殖していきました。

アサリが繁殖しまくっているというウワサは、すぐに潮干狩

り好きから伝わり，出かけてみると海岸一帯が貝だらけで，今は少なくなったバカガイやシオフキも沢山いる夢のような海岸でした。

当時は京浜急行の金沢文庫駅から称名寺の前を通って歩き，子供連れで25分以上かかったでしょうか。行きは良いのですが，帰りはアサリが欲張った分だけ肩に食い込みます。

1989年に海岸に沿って走るシーサイドラインが開業して，海の公園へのアクセスは一変しました。

心の中で「潮干狩りライン」と呼んでいるシーサイドラインは1km足らずの砂浜の中に3つの駅が作られ，改札を抜けると，そこは砂浜だったという，まさに潮干狩りのためにできたような路線なのです。

シーサイドラインの駅を降りると砂浜まで徒歩0分

圧倒的に車の利用が多い潮干狩り客ですが，潮干狩りという日時が限定される遊びでは周辺で大渋滞が起こるので，逆に時間通りに走るシーサイドラインが見直されつつあります。

無人運転のシーサイドラインでは，運転席に自由に座ることができるのも，子供たちのひそかな楽しみです。

幼少時代には潮干狩りに連れて行ってもらえますが，そのうち親とアサリを掘る事も無くなります。そして自分たちの子供ができて，「そうか潮干狩りにでも行くか」と思い出すまでの20年以上の潮干狩り空白期間が生まれてしまうわけです。

海の公園の砂浜のすぐ後ろにはシーサイドラインが走っている

　車が使えない中学，高校生時代でもシーサイドラインを使えば潮干狩り場に簡単に行けるし，結婚前のカップルでも一緒に潮干狩りをすれば何かに気づくはずです。そう，潮干狩りは一緒に掘っているだけで，何か家庭というものへの憧れを感じさせるレジャーなのです。

　毎年，大勢の人がアサリを獲って帰るにもかかわらず，翌年にも沢山のアサリが人々を楽しませてくれるのはなぜなのでしょうか。

　かつての東京湾は多摩川，荒川といった大きな河川から，常に新しい砂が供給され，干潟を活性化してきました。現在は，多くのダムでせき止められた河川からは，台風が来ても干潟に山からの新しい砂が供給されることはありません。

　海の公園では，その代わりに大勢の人が畑を耕すように砂を掘り返し，砂が常に活性化しアサリが住みやすい環境を形成し

ています。対価を払って干潟を耕したら大変な金額になりますが，ゴールデンウィークには連日数万人の"ボランティア"が嬉しそうに海を掘り返しています。人が集まることでアサリも集まるという循環ができているのです。また大きめのアサリを次々に間引くことも重要で，アサリの数が増えすぎると動くスペースが無くなり，アサリは成長できません。そしてそれも，無料の人力が，どんどん大きめのアサリを間引いてくれます。

　人工海浜で常に問題になる砂の流出も，海の公園では八景島が防波堤となって，波で砂がさらわれることもほとんどありません。

　難点は，人が多すぎて少しでも大きめのアサリはすぐに獲られてしまうため，全体にアサリが小ぶりになってしまう事くらいですが，それは仕方がありません。

　大きいアサリが獲りたい場合は，千葉の潮干狩り場に行けば，大きなアサリの潮干狩りができます。東京湾アクアラインも私にとっては潮干狩りラインのようなものなので，アサリ掘りのためにこんな道路を造ってくれてありがとう，と走っていて嬉しくなります。

東京湾アクアラインのすぐ先には金田・見立の潮干狩り場が

　物事全部潮干狩りに都合良く考えていたら，何だか楽しくなってきました。

　そうか，地球は潮の干満のために回っていたのか。

潮干狩りってそんなに楽しいですか？

question 77

楽しいです。

私は少年時代を山口で過ごしました。当時の潮干狩りは午前中に海水浴をし，松並木の木陰でお弁当を食べ，そして午後は潮干狩りというコースです。

子供の時には思いもしませんでしたが，今思えば海水浴は潮が引く日にしか，連れて行ってもらえなかった事になります。

だから，海に行けば必ず午後には潮が引いて，アサリが獲れるものだと子供心に思い込んでいました。海が引かずアサリの獲れない日もあることが分かったのは，随分後の事になります。

潮干狩りの日はアサリを獲った後にお弁当のイメージが強いのですが，山口ではお弁当を食べてからが潮干狩りになります。潮の満ち引きは西に行くほど遅れ，そして湾の奥に行くほど潮の動きが遅れる傾向があります。

瀬戸内海は東西が開いているように見えますが，東側には淡路島があって，大量の海水が出入りできない地形のため，西側からの満ち引きの影響の方が強く，山口よりも東に位置する広島の方が潮が遅れるという，不思議な地域なのです。鳴門の渦潮も，そのために起こる鳴門海峡の東西の潮位差で起こるのだと知ったのも，大人になってからの事です。

海が楽しいという少年時代の記憶はボンヤリと残ってはいるのですが，はっきりその景色まで思い出すのは，どうも失敗した記憶の方のようです。

何かの地域の遠足のようなものだったと思うのですが，団体バスの出発時刻に父と私が遅れてしまいました。仕方なく路線バスで海を目指すことにしたのですが，前を見ると乗るはず

だった団体バスがトロトロと走っています。すると父が運転手と，あのバスに乗りたいと交渉を始めました。時代ものんきだったのでしょう。運転手は前方のバスの後ろにピッタリつけてクラクションを鳴らし始めました。前方の運転手もすぐに異常に気付きバスを止めて，我々はめでたく遠足に合流できたのです。何だかワイワイ，からかわれながらバスに乗った記憶が残っています。

　もう一つは小学校の遠足だったでしょうか。お昼になったところで，母が箸を忘れたと言い出しました。しばらく探していたのですが，見つかりません。一緒に食べていた級友の家族が，自分たちの割箸を半分に折って私たちに渡してくれました。

　なるほど，いい考えがあるもんだと子供心にやけに感心した事を覚えています。

　ところが箸を半分にすると，子供の手でも小さすぎて，ビックリするくらい使いづらいのです。子供の手でも使いづらかったので，大人はほとんどままごとのスプーンのように使っていたのではないでしょうか。

　そして遠足の最大の思い出は「短い箸は使いづらい」になりました。

　考えてみれば失敗と言っても楽しい失敗で，単に楽しかった事もあったはずなのですが，それらはあまり思い出せません。

　たぶん人の記憶の中では，ちょっと楽しいハプニングの思い出が選別されて，強く印象に残るのでしょう。

　少年時代は人生の一部のはずなのに，半分くらいを占めるのではと思うくらいの意味があって長かった気がします。何でも

吸収してしまう人生で一番大切な時期だったのです。この時期に楽しかった海の記憶が残ると，一生海を愛するようになるはずです。

子供が小さい時には，是非潮干狩りに連れて行って頂きたいと思います。紫外線で黒くなるとか，砂で汚れるなどと言わず，大きな砂浜のつもりで一緒に遊べば親子で楽しい一生の思い出が残ると思います。楽しすぎて，日本中がアサリおじさんやアサリおばさんだらけになるのも困るけれど，ありがたい事に潮の満ち引きがあって，決まった日の決まった時間にしか潮干狩りはできません。

始めて潮干狩りを体験した3歳当時の筆者

釣りは毎日でも行けますが，潮干狩りは春から夏の潮が引く時にしかできません。

それだからこそ，潮が遠くまで引く日には，這ってでも海に行きたくなるのです。

Chapter 4 もっと知りたい潮干狩りの疑問

索引

〔ア行〕

アイスランドガイ 102
アオサ 150〜151
あおやぎ 82〜83,141
悪魔 141
アケミ貝 97
アコヤガイ 154〜155
浅瀬 16,20
浅利 27
アサリご飯 74,88
アサリ丼 92
アサリの目 22,29〜30,31
アサリマキ 156
アサリ焼きそば 74,91
アサリロード 24
アナジャコ 61〜65,66〜67
アマモ 21,108
網機能 11
アメフラシ 115〜116
鮎 96
荒川 160
アラムシロガイ 22,24,26,128〜130
有明海 134,139
淡路島 162
イガイ 17,97
イシワケイソギンチャク 42,66
異常潮位 123
イソギンチャク 42,66〜68
イルミネーション 155
岩田涼菟 41
引力 7,8
浮世絵 126,148
牛込海岸 152〜153

歌川広重 147〜148
ウチムラサキ 111〜112
ウミゾウメン 115
海の公園 6,7,98,151,156,158〜161
エアポンプ 37
江戸時代 16,98,126〜127,129,147〜148
エビ 104〜105,109
エンガワ 140
塩水 70,74,76
塩分濃度 58
大潮 4,16,45,126,140,146,152
オキアミ 105
大葉 89
奥久慈 口絵
桶屋 122
オゴノリ 口絵,124〜125
お米 88
斧足（おのあし・ふそく） 23,59
お花見 i
お姫様 126〜127
オリーブ油 89,94
温暖化 50,139

〔カ行〕

貝網 2,12,146
貝殻 3,21,26,33,35,53,97,99〜100,115,117〜118,119,129,154,155
海水 2,3,8,11,12,13,14,20,22〜23,27,29〜30,36,37,43〜44,45,49,58〜59,61,70〜72,74,76,78,82,94,100,123,139,151,162
海水温 3,13,139
海水浴 158,162
貝刀 53
海草 21,104
海藻 124〜125
外套膜 154

貝毒　17
貝柱　35,53,87,112
カイマキ　156～157
戒律　125
カガミガイ　68,111～112
カキ殻　3,11,41
殻頂部　33,36,46
格闘技　127
カクレガニ　85,143
火山　17
鍛冶屋　9
風　13,37,41,45,62,122～123,144
片瀬海岸　158
カタツムリ　116,119
金沢文庫　147,159
金沢八景　147～148
カニ　23～24,68,85,109,125,129,143,150
金田　161
冠婚葬祭　156
干潮　4～5,6,7,8,15,98,152
干満差　4,7
管理潮干狩り場　16,25～26,34,44
木更津　口絵,39,147,155
キャノーラ油　87,91
靴下　3,41,119
クマデ　2,9,10～11,21,22,28,41,131,140,146,152～153,156
クーラー　2,43～44,84,100,131
クラムチャウダー　112
クロダイ　96～97
軍手　13
京浜急行　159
激辛食品　127
後縁　40,52
甲殻類　125
高気圧　45
ゴカイ　49～50
コショウ　89,91
コメツキガニ　68

昆布つゆ　88,93

〔サ行〕

酒蒸し　74,87,88,91～92
サキグロタマツメタ　46～47,133～135
砂糖　92
サラダ油　90,91
サンゴ礁　16
サンダル　2,3,41
産卵　39,78,85,108,143
潮時　4,98,152
塩抜き　口絵,70～73,76,77,86
潮干狩り指数　4
シオフキ　51～52,53,128,143,150～151,159
潮見表　4
紫外線　2,3,164
シーサイドライン　6,159～160
シジミ　136～137,142
地震　17
歯舌　46
雌雄同体　115～116
ジュエリー　156
砂利　20
出水管　20,29,31
受精　36,38
消化酵素　142
ショウガ　83,88
証城寺　155
晶体　142
上人　125
称名寺　159
縄文時代　53,103
醤油　83,89,91,92,130
ジョレン　57,63,156
白雪姫　口絵,38～39
シロハマグリ　111
人工海水　74,78
人工海浜　98,148,158,161
真珠　154～156

じん帯　39,40,53,55
酢　91,93
巣穴　49,56,61,63〜64,67
スイカ　139
水管　口絵,20,22〜23,27,29〜30,
　　　31〜32,34,43,78,80,85,
　　　99,128〜129,143
水深　11,12,31
水墨画　口絵
ステルス爆撃機　139
すなぢゃわん　47〜48,134
砂抜き　口絵,29〜30,43〜44,70〜
　　　73,74,76,77,78,80,82〜
　　　83,86,100,112,141
砂浜　21,42,58,108,109,117,123,
　　　132,135,150,158〜160,
　　　164
生殖活動　115〜116
絶叫マシン　127
雪舟　口絵
殺生　125
節足動物　125
瀬戸内海　134,162
川柳　16
前縁　40,52
浅間山　158
足糸　11,21

〔タ行〕

台風　17,123,160
太陽　口絵,3,7,150
タオル　2,14
タコ　36
タテジマイソギンチャク　42
多摩川　160
タマシキゴカイ　49〜50
玉ねぎ　89,90,94
端脚目　122
炭酸カルシウム　33,34,46,101,154
稚貝　11,46,96〜97,108
中国雑技団　116

潮位　4,15,45,123,162
潮汐表　4,45
蝶番　33,40,53
月　7
ツメタガイ　36,46〜48,96〜97,
　　　　134,153
釣具店　4,10
低気圧　45,123
天敵　36,96,107
天の網島　39
戸板　129
東京湾　4,98,111,147,158〜161
東京湾アクアライン　161
東名浜　133
毒化　17
徳川幕府　126
毒性　17
トゲワレカラ　124
友釣り　61,64〜65

〔ナ行〕

長靴　2,3,41
中潮　4,7,45
ナメクジ　119〜120
鳴門海峡　162
ナルトビエイ　97,139〜140
軟甲亜綱　122
ニトリルゴム　13
日本酒　87,88,91,92
ニホンスナモグリ　67〜68
入水管　20,29〜30,31,143
忍者クマデ　10〜11,152
ニンニク　89,90,94
年輪　101〜102
野島　80,98,148
海苔　88,92

〔ハ行〕

バカガイ　53〜55,82〜83,112,
　　　　141〜142,143,159

ばかゆで 83
バジル 94
パスタ 89
八景島 160
バットマン 139
ハマグリ ⅰ,16,17,26,41,53〜55,
　　　93,99〜100,101,111〜
　　　112,136〜137,142
浜名湖 96
盤州干潟 98,147
パンツ 3,110
万能ネギ 91
干潟 ⅰ,2,3,8,15〜16,20〜21,
　　　22〜23,25〜26,27,34,46,
　　　49〜50,56,59,61,67,98,
　　　99,107〜108,112,123,
　　　124,126,130,131〜132,
　　　140,147〜149,152,160
干潟落雁 147
引き潮 24
ヒトエグサ 151
ヒトデ 36,97
ひな祭り ⅰ
風物詩 ⅰ,7
フカヒレ 140
袋田の滝 口絵
斧足（ふそく・おのあし） 23,59
富津潮干狩り場 44
筆釣り 61,65
ブドウ 139
プランクトン 17,36,106
ブルーサファイア 口絵
風呂桶 122
噴火 17
ペットボトル 2,43〜
　　　44,72,74,100
放射線炭素年代測定法 102
ボケ 67〜68
渤海 133〜135
保冷剤 2,43〜44

ボンゴレ 74
ホンビノス 111〜112

〔マ行〕

蒔絵 口絵
巻貝 46,115,119
松葉 31〜32
マテガイ 口絵,56〜60,66〜
　　　67,94,150〜151
馬刀貝 56
マメコブシガニ 109〜110
万石浦 134
満潮 4〜5,8,123
見立 161
ミミズ 49
みりん 92
室町 口絵
モンブラン 50

〔ヤ行〕

焼きそば 91
ヤドカリ 117〜118
有機物 20,49
有毒 17
養貝場 25,34
幼生 21,85
ヨコエビ 104〜105

〔ラ行〕

ライフセーバー 132
ランニングシャツ 3
冷凍保存 73,84,86〜87

〔ワ行〕

ワカメ 93
ワレカラ 口絵,105,124〜125

全国の主な潮干狩り場

　料金，時期は一部を除き 2016 年度のものです。開催日時等詳細は各潮干狩り場にお問い合せください。

北海道

名称	アクセス・開催期間	問い合せ先	料金等
能取湖	ＪＲ網走駅から網走バス常呂行き10分，能取漁港下車 二見ヶ岡漁港から湖口漁港までの能取湖東岸5km 4月15日～10月15日	北海道網走市能取湖 西網走漁業協同組合 TEL:0152-61-3311	無料 アサリのみ
厚岸湖	コンキリエ　アサリ掘り体験ツアー（要予約） ＪＲ厚岸駅から徒歩5分 4月1日～7月15日	北海道厚岸郡厚岸町住の江2丁目2番地 厚岸味覚ターミナル コンキリエ TEL:0153-52-4139	中学生以上 　　　1500円 小学生 　　　1000円 専用袋付 アサリ1.5kg

石川県

名称	アクセス・開催期間	問い合せ先	料金等
千里浜	ＪＲ羽咋駅から徒歩15分 車は能登有料道路千里浜ＩＣ下車 5月，6月，10月	石川県羽咋市旭町ア200 羽咋市商工観光課 TEL:0767-22-1118	オキアサリ ハマグリ 無料

茨城県

名称	アクセス・開催期間	問い合せ先	料金等
大竹海岸	鹿島臨海鉄道新鉾田駅からタクシー20分	茨城県鉾田市大竹1326-4	大人　1500円 小人　1000円

	ハマグリの放流時間は10:00／14:00の2回 ゴールデンウィーク中はハマグリ祭りで別料金 4月16日～6月26日	海の家　山田売店 TEL：0291-32-3964	家族割引1家族　3000円 大人2名＋こども複数 1日券1家族4500円（2回）
波崎	JR銚子駅から海水浴場行きバス10分海水浴場前下車 5月上旬～9月下旬	茨城県神栖市溝口4991 神栖市商工観光課 TEL：0299-90-1217	無料 1人1日1kgまで
大洗第2サンビーチ	車：常磐自動車道友部JCT～北関東自動車道水戸・大洗IC～国道51号より大洗へ 電車：JR水戸駅から茨城交通バス約40分（大洗駅から徒歩15分） ※大洗第1サンビーチは禁漁 4月下旬～7月半ば	茨城県東茨城郡大洗町磯浜町6881-275 大洗町商工観光課 TEL：029-267-5111 茨城県東茨城郡大洗町磯浜町8249-4 大洗観光協会 TEL：029-266-0788	無料 1人1日1kgまで

千葉県

名称	アクセス・開催期間	問い合せ先	料金等
ふなばし三番瀬海浜公園	JR・京成船橋駅南口から京成バス約25分船橋海浜公園（終点）下車 4月20日～6月11日	千葉県船橋市潮見町40 ふなばし三番瀬海浜公園 TEL：047-435-0828 潮干狩り情報 TEL：047-437-2525	入場料 大人　430円 小人　210円 持ち帰る場合100gにつき80円
牛込海岸	JR岩根駅から車10分 3月8日～7月24日	千葉県木更津市牛込752-2 牛込漁業協同組合 TEL：0438-41-1341	大人 1600円（2kg） 小学生 800円（1kg）

場所	アクセス・期間	住所・連絡先	料金
金田見立海岸	JR岩根駅から車10分 4月6日〜7月16日	千葉県木更津市中島4412 金田漁業協同組合 TEL：0438-41-0511	大人　1600円 （2kg） 小学生 800円 （1kg）
金田海岸	JR岩根駅から車10分 4月6日〜7月16日	千葉県木更津市中島4412 金田漁業協同組合 TEL：0438-41-0511	大人　1600円 （2kg） 小学生 800円 （1kg）
久津間海岸	JR岩根駅から車6分 4月7日〜7月9日	千葉県木更津市久津間1291 久津間漁業協同組合 TEL：0438-41-2696	大人　1600円 （2kg） 小学生 800円 （1kg）
江川海岸	JR岩根駅から車6分 2017年3月28日〜8月11日	千葉県木更津市江川576-6 江川漁業協同組合 TEL：0438-41-2234	大人　1600円 （2kg） 小学生 800円 （1kg）
木更津海岸中の島	JR木更津駅から徒歩20分 2017年3月26日〜8月24日	千葉県木更津市中央3丁目14-11 木更津漁業協同組合 TEL：0438-23-4545	大人　1600円 （2kg） 小学生 800円 （1kg）
富津海岸	JR青堀駅からバス15分，富津公園入口下車 3月8日〜9月19日	千葉県富津市富津2035-74 富津漁業協同組合 TEL：0439-87-5561	大人　1800円 （2kg） 小人　900円 （1kg） 袋付

全国の主な潮干狩り場

神奈川県

名称	アクセス・開催期間	問い合せ先	料金等
海の公園	ＪＲ新杉田駅か京急金沢八景駅からシーサイドライン八景島・海の公園柴口・海の公園南口各駅下車徒歩０分	神奈川県横浜市金沢区海の公園10 管理センター TEL：045-701-3450	無料 １人２kgまで
走水海岸	京急馬堀海岸駅から観音崎行きバス伊勢町下車 4月8日～7月21日	神奈川県横須賀市走水 横須賀市漁業協同組合走水大津支所	大人　1200円（２kg） 小人　600円（１kg）

静岡県

名称	アクセス・開催期間	問い合せ先	料金等
弁天島海浜公園	ＪＲ弁天島駅から徒歩３分 東名高速浜松西・浜松三ヶ日ＩＣから約30分 弁天島シンボルタワー前，渚園前，新居弁天，八兵衛瀬 4月～8月 ※2016年度は中止	静岡県浜松市西区舞阪町弁天島3775-2 浜名漁協弁天島遊船組合 TEL：090-5611-8171 静岡県浜松市西区舞阪町弁天島3775-2 弁天島舞阪町観光協会 TEL：053-592-0757	大人　1200円（２kg） 小人　600円 （往復渡船料・網袋・入漁料込み）
浜名湖村櫛	東名高速浜松ＩＣから18km 浜名湖大橋有料道路から４km 4月～8月 ※2016年度は中止	静岡県浜松市村櫛町 村櫛遊漁組合 TEL：053-489-2410	大人　1200円（２kg） 小人　600円 （往復渡船料・網袋・入漁料込み）

愛知県

名称	アクセス・開催期間	問い合せ先	料金等
南知多			
山田海岸 乙方海岸	名鉄河和駅から知多バス師崎行： 乙方潮干狩り場は蟹川橋下車 山田潮干狩り場は山田下車 4月〜6月	愛知県知多郡南知多町大字豊丘字東浜34-1 大井漁協豊丘支所 TEL：0569-65-0370 豊丘乙方あさり組合連絡所 TEL：090-7025-5797 （山本）	大人　1200円 小学生　900円
鳶ヶ崎 大井海岸	名鉄河和駅から知多バス鳶ヶ碕北下車 4月6日〜6月24日	愛知県知多郡南知多町大字大井字北側55 大井漁業協同組合 TEL：0569-63-0314	大人　1500円 （5kg） 小人　700円 （1kg）
美浜町	愛知県知多郡美浜町大字河和字北田面106番地 美浜町役場　TEL：0569-82-1111 愛知県知多郡美浜町大字奥田字森越70-3 美浜観光協会　TEL：0569-83-6660		
河和口 矢梨	名鉄河和口駅下車 矢梨は知多バスで矢梨下車 4月6日〜6月25日	愛知県知多郡美浜町大字浦戸字森下59 美浜町漁業協同組合 TEL：0569-82-0123	大人　1200円 小人　　900円
北方	名鉄河和駅下車 4月6日〜8月31日	愛知県知多郡美浜町大字浦戸字森下59 美浜町漁業協同組合 TEL：0569-82-0123	大人　1600円 小人　1100円 バカガイ　網2個付 アサリお土産付

上村大池	名鉄布土・河和口・河和各駅下車 例年3月～6月（2016年度は中止）	愛知県知多郡美浜町大字浦戸字森下59 美浜町漁業協同組合 TEL：0569-82-0123	大人　1200円 小人　　900円 網袋付き
上野間 奥田北 奥田中 奥田南	名鉄上野間・美浜緑苑・知多奥田各駅下車 例年4月～8月（2016年度は中止）	愛知県知多郡美浜町大字奥田字南大西50 野間漁業協同組合 TEL：0569-87-0008	大人　1200円 小人　　900円
蒲郡市	蒲郡市観光協会 TEL：0533-68-2526 産業環境部観光商工課 TEL：0533-66-1120		
蒲郡竹島海岸	JR蒲郡駅から徒歩15分 4月6日～5月26日（2016年は早期終了）	愛知県蒲郡市松原町936-2 蒲郡漁協竹島支所 TEL：0533-69-2727	大人子供とも1300円（2kg程度） 採取量は入漁袋いっぱいまで
水神	JR三河三谷駅から徒歩約20分 3月9日～6月24日	愛知県蒲郡市三谷町港町通58 三谷漁業協同組合 TEL：0533-68-5131	大人　1200円（5kg） 小人　　600円（2.5kg）
三河大島海岸	JR三河三谷駅から乗船場まで徒歩7分，そこから船5分，大島下船 例年3月～6月（2016年度は中止）	愛知県蒲郡市三谷町港町通58 三谷漁業協同組合 TEL：0533-68-5131	大人　1200円（5kg） 小人　　600円（2.5kg） 往復瀬渡し料別
三谷温泉海岸	3月9日～7月7日	三谷温泉海岸： ビーチボックス TEL：0533-67-6242 三谷温泉観光協会 TEL：0533-68-4744	大人　1200円（5kg） 小人　　600円（2.5kg）

形原海岸 春日浦海岸	名鉄形原駅から徒歩15分 4月6日〜6月7日	蒲郡漁協形原支所 TEL：0533-57-2191	大人子供とも 1000円（4kg） 1袋
蒲郡西浦海岸	ＪＲ蒲郡駅からサンライズバス西浦温泉行き20分，橋田口下車徒歩10分 3月10日〜5月24日	愛知県蒲郡市西浦町前浜6 蒲郡漁協西浦支所 TEL：0533-57-6155	大人子供とも 1600円（4kg） バケツ貸出
前の尻海岸	3月10日〜5月24日	愛知県蒲郡市西浦町前浜6 蒲郡漁協西浦支所 TEL：0533-57-6155	大人　1600円（4kg） 子供無料
松島漁場	3月10日〜5月9日	愛知県蒲郡市西浦町前浜6 蒲郡漁協西浦支所 TEL：0533-57-6155	大人　1600円（4kg） 子供無料
西尾市	愛知県西尾市住吉町四丁目18番地4　西尾市観光協会　TEL：0563-57-7882		
梶島	名鉄吉良吉田駅からタクシー7分 駐車場無料 漁協前から干潮の2時間前より渡船開始 3月26日〜5月24日	愛知県西尾市吉良町宮崎馬道57 西三河漁業協同組合吉良支所 TEL：0563-32-0224	大人　2300円（1袋） 小人　1000円（1袋） 渡船，袋付
東幡豆海岸・前島（うさぎ島）	名鉄東幡豆駅から徒歩5分 東名高速岡崎ＩＣから50分 3月11日〜8月6日	愛知県西尾市東幡豆町小見行田20-3 東幡豆漁業協同組合 TEL：0563-62-2068	大人　1600円（4kg） 小人　800円（2kg） 前島への渡船料 大人　800円 小人　400円

衣崎海岸	3月8日～6月18日（2016年度は早期終了）	愛知県西尾市一色町松木島中切215 衣崎漁業協同組合 TEL：0563-72-8570	大人　1500円（8kg） 子供　800円（4kg）
吉田海岸	名鉄吉良吉田駅下車から徒歩10分 駐車場無料 3月9日～6月21日	愛知県西尾市吉良町吉田須原112 吉田漁業協同組合 TEL：0563-32-0146	大人　1500円（6kg） 子供　800円（3kg）
西幡豆・鳥羽海岸	名鉄西幡豆・三河鳥羽各駅から徒歩約5分 駐車場無料 3月24日～6月7日	愛知県西尾市鳥羽町十三新田1番地117 幡豆漁業協同組合 TEL：0563-62-2176	大人　1400円（1袋） 子供　700円（1袋）
宮崎東海岸	駐車場無料 2016年度は中止	愛知県西尾市吉良町宮崎馬道57 西三河漁業協同組合吉良支所 TEL：0563-32-0224	大人　1400円（4kg） 子供　700円（2kg）
一色海岸（さかな広場西）	4月22日～6月6日	愛知県西尾市一色町小薮船江東180 西三河漁業協同組合一色支所 TEL：0563-72-8281	大人　1000円（1袋） 小人無料
佐久島大浦海岸	名鉄西尾駅から名鉄バス三河一色行き15分，一色渡船場から乗船 実施要項未定	愛知県西尾市一色町佐久島東屋敷87 西三河漁業協同組合佐久島支所 TEL：0563-79-1231	大人　1200円（5kg） 子供　600円（3kg） 渡船料：片道800円（子供半額）
常滑市			
樽水 阿野	名鉄常滑駅から徒歩20分 4月6日～6月24日	愛知県常滑市保示町1-111	500円1kg 採捕制限3kg

名称	アクセス・開催期間	問い合せ先	料金等
古場		常滑漁協 TEL：0569-35-2159	
坂井海岸	名鉄常滑駅から知多バス坂井下車，徒歩約10分 名鉄上野間駅から徒歩25分 例年3月～8月（2016年度は中止）	愛知県常滑市小鈴谷字赤松26 小鈴谷漁業協同組合 TEL：0569-37-0217 愛知県常滑市坂井海岸 常滑市坂井観光協会 TEL：0569-37-0922	詳細問い合せ
田原市			
小中山地区海岸	3月中旬～5月下旬	愛知県田原市小中山町北郷295番地 小中山漁業協同組合 TEL：0531-32-0219 （平日）	大人　1500円 指定カゴ一杯
白谷浅海干潟	3月中旬～5月下旬	愛知県田原市白谷浅海干潟 （白谷海浜公園東） 渥美漁業協同組合田原事務所 TEL：0531-22-1215 （平日）	1人　1500円 （5kg） バケツ貸出

三重県

名称	アクセス・開催期間	問い合せ先	料金等
御殿場海岸	JR・近鉄津駅から香良洲公園・サンバレー・天白・米津行きバス約20分，御殿場口下車徒歩5分	三重県津市羽所町700番地アスト津1F 津市観光協会	無料 浜茶屋使用料 大人　500円 小人　300円

	津新町駅からも可 例年3月〜8月が最適	TEL:059-246-9020	
香良洲 (カラス) 海岸	JR・近鉄津駅から香良洲公園行きバス40分，終点下車 例年3月〜8月が最適	三重県津市羽所町700番地アスト津1F 津市観光協会 TEL:059-246-9020	無料 休憩所料金 大人　500円 小人　300円
松名瀬海岸	JR・近鉄松阪駅から車10分 例年4月〜6月中旬（数年不漁のため海岸の状況は，お問い合せください）	三重県松阪市高須町4905-1 松阪漁協松阪第一支所 TEL:0598-51-1241 「浦島」 TEL:0598-59-1055 松阪市観光協会 TEL:0598-23-7771	土日祭日のみ有料（無料の場合有） 大人　500円 小人　200円
向井黒の浜	JR尾鷲駅からバス 期間に制限はありません	三重県尾鷲市中井町12-14 尾鷲観光物産協会 TEL:0597-23-8261	無料

和歌山県

名称	アクセス・開催期間	問い合せ先	料金等
加太（カダ）	南海加太駅から徒歩15分 例年4月〜6月（近年中止が続いています）	和歌山県和歌山市加太 加太観光協会 TEL:073-459-0003	詳細未定
和歌浦片男波	JR和歌山駅から新和歌浦行きバス30分，不老橋下車徒歩10分 例年4月〜6月（近年中止が続いています）	和歌山県和歌山市和歌浦東2丁目6-2 和歌川漁協 TEL:073-444-0525	詳細未定

大阪府

名称	アクセス・開催期間	問い合せ先	料金等
淡輪海岸	南海淡輪駅から徒歩約15分 阪和自動車道泉南ICから国道26号へ 4月20日～6月5日	大阪府泉南郡岬町淡輪6234 淡輪潮干狩管理組合 TEL：072-494-2141 開場期間中のみ	大人　1300円 小人　 700円 獲ったアサリは返却，代わりに砂抜きしたアサリを進呈(大人700g，小人400g)
二色浜海岸	南海二色浜駅から徒歩約15分 4月16日～6月5日	大阪府貝塚市脇浜3丁目11-6 二色の浜観光協会 TEL：072-432-3022	大人　1500円 小人　 750円 獲れた貝のうち大人800ｇ，小人400ｇ

兵庫県

名称	アクセス・開催期間	問い合せ先	料金等
新舞子	山陽電鉄網干駅からタクシー7分 4月16日～6月19日	兵庫県たつの市御津町黒崎1414 御津町新舞子観光協同組合 TEL：079-322-0424	大人　1300円 小学生 800円 幼児　 400円
赤穂唐船（カラセン）サンビーチ	ＪＲ播州赤穂駅からタクシー約15分。または御崎保養センター行き（市民病経由）バス15分，赤穂高校西下車徒歩15分 期間中の土・日曜（7月6日を除く）・祝日のみ無料シャトルバス運行 4月29日～7月3日	兵庫県赤穂市御崎1984-2 赤穂唐船サンビーチ TEL：0791-42-2458 （期間中のみ） 兵庫県赤穂市加里屋81 赤穂市観光商工課観光振興係	大人　1700円 小学生 700円 （指定袋一杯）

		TEL：0791-43-6839 兵庫県赤穂市御崎1798-1 赤穂市漁協 TEL：0791-45-2260	
的形	4月～6月	兵庫県姫路市的形町的形1718 的形潮干狩り・海水浴場 TEL：0120-559-939 TEL：079-254-1964	大人　1300円 小学生　800円

岡山県

名称	アクセス・開催期間	問い合せ先	料金等
高州の浅瀬	ＪＲ児島駅から下電バス宇野行きまたは王子が岳行き王子が岳下車。からこと丸乗り場から高洲の浅瀬まで渡し船 例年4月～8月	岡山県倉敷市児島唐琴町1421 王子が岳からこと丸 TEL：086-473-3718	大人　1300円 小人　650円 往復渡船料込み
黒島	ＪＲ邑久駅から車20分 牛窓町漁協桟橋から渡し船 例年4月～6月	岡山県瀬戸内市牛窓町牛窓3901-1 牛窓町漁協（9～17時） TEL：0869-34-3065	大人　1800円 小人　900円 幼児　無料 汐干狩専用船渡船料込み
青佐鼻 （オウサバナ）	ＪＲ里庄駅から井笠バス寄島行き15分（終点下車）徒歩30分 4月～8月	岡山県浅口市寄島町16010 浅口市寄島総合支所産業建設課 TEL：0865-54-5116	無料開放

広島県

名称	アクセス・開催期間	問い合せ先	料金等
切串人工干潟	広島電鉄広島港（宇品）駅から広島港，切串港へフェリー約25分（高速船約14分）下船，徒歩約15分 広島呉道路呉ＩＣから国道487号へ 例年４月〜９月（2016年度は中止）	広島県江田島市江田島町切串３丁目1-18 切串漁協 TEL：0823-44-1011 広島県江田島市大柿町大原505番地 観光振興課 TEL：0823-43-1644	獲れた貝買取
荒代海岸	広島電鉄広島港（宇品）駅から広島港，切串港へフェリー約25分（高速船約14分）下船，車で15分 例年４月〜９月（2016年度は中止）	広島県江田島市江田島町宮ノ原２丁目2-10 江田島漁協 TEL：0823-42-3344 広島県江田島市大柿町大原505番地 観光振興課 TEL：0823-43-1644	獲れた貝買取
小用干潟	呉港から小用港までフェリー20分（高速艇10分） 広島港から切串港へフェリー約25分（高速船約14分）下船，車で10分 例年４月〜９月（2016年度は中止）	広島県江田島市江田島町小用３丁目3-4 東江漁協 TEL：0823-42-0056 広島県江田島市大柿町大原505番地 観光振興課 TEL：0823-43-1644	獲れた貝買取

山口県

名称	アクセス・開催期間	問い合せ先	料金等
長府才川	ＪＲ長府駅から徒歩20分	山口県下関市長府才川１丁目44-5	入場無料 100gあたり

全国の主な潮干狩り場

	3月20日～6月5日	山口県漁協才川支店 TEL：083-248-0258	75円で持ち帰り
白土（シラツチ）	ＪＲ床波駅から徒歩15分 宇部東ＩＣから約4km 期間制限無し	現地：山口県宇部市西岐波区白土 山口県宇部市常盤町1丁目7-1 宇部市役所観光推進課 TEL：0836-34-8353	無料
キワ・ラ・ビーチ	ＪＲ岐波駅から徒歩10分 中国道小郡ＩＣから国道190号で宇部方面へ30分 山陽道宇部東ＩＣから国道190号～山陽荘病院入口から約5分 例年4月～8月	現地：山口県宇部市大字東岐波字鹿ノ前54-3 山口県宇部市常盤町1丁目7-1 宇部市役所観光推進課 TEL：0836-34-8353 山口県宇部市大字東岐波4193-9 山口県漁協東岐波支店 TEL：0836-58-2142	専用袋 250円 山口県漁業協同組合東岐波支店にて購入 対象マテガイ
埴生（ハブ）	埴生潮干狩り大会（場所：埴生漁港東側沖） ＪＲ埴生駅から徒歩25分 駐車場は埴生漁港内（無料） 毎年潮の良い休日1回（2016年6月5日（日））	山口県山陽小野田市厚狭千町5 山陽商工会議所 TEL：0836-73-2525	中学生以上 1000円 小学生 600円 持ち帰りは1kgまで

香川県

名称	アクセス・開催期間	問い合せ先	料金等
綾川河口	JR坂出駅から徒歩30分	現地：香川県坂出市林田町綾川河口 香川県坂出市室町二丁目3番5号 坂出市産業課にぎわい室 TEL：0877-44-5015	無料 対象マテガイ
有明浜	JR観音寺駅から車3分，または徒歩30分	現地：香川県観音寺市室本町 香川県観音寺市坂本町1丁目1-1 商工観光課 TEL：0875-23-3933 香川県観音寺市有明町3-37 観音寺市観光協会 TEL：0875-24-2150	無料 対象マテガイ

愛媛県

名称	アクセス・開催期間	問い合せ先	料金等
河原津海岸	JR伊予三芳駅から車10分 3月18日〜5月31日	愛媛県西条市河原津甲241-5 河原津漁協 TEL：0898-66-5032	大人　500円 小人　無料
岩松川河口	JR宇和島駅から岩松方面行きバス40分，岩松営業所下車 例年ゴールデンウィーク前後 開催開期が短いためお問い合せください	愛媛県宇和島市津島町大字高田丙572-2 岩松漁協 TEL：0895-32-2518	大人　600円 小人　300円

全国の主な潮干狩り場

名称	アクセス・開催期間	問い合せ先	料金等
星の浦海浜公園	ＪＲ大西駅から徒歩20分 例年4月～8月	愛媛県今治市大西町星浦甲23-1 今治市大西支所産業建設課 TEL：0898-53-3500	無料
藤原海岸	ＪＲ赤星駅から徒歩25分 例年3月～5月	愛媛県四国中央市土居町蕪崎1594 土居町漁協 TEL：0896-74-3277	大人　300円

福岡県

名称	アクセス・開催期間	問い合せ先	料金等
今津海岸	ＪＲ今宿駅からバス10分，日赤入口下車徒歩20分 西九州自動車道今宿ＩＣから県道54号へ 例年3月中旬～5月上旬	福岡県福岡市西区今津54-1 福岡市漁協浜崎今津支所 TEL：092-806-2121	大人　500円 小人　200円 組合指定ネット（100円）が必要
能古島	ＪＲ姪浜駅から西鉄バスで能古渡船場下車，渡船10分 例年4月～5月（2016年度は中止）	福岡県福岡市西区能古657-8 福岡市漁協能古支所 TEL：092-881-0450	大人　500円 小人　250円 渡船片道 大人　230円 小人　120円
浜の宮海岸	ＪＲ椎田駅から徒歩約10分 例年3月～5月中旬	福岡県築上郡築上町大字湊1192-6 豊築漁協椎田支所 TEL：0930-56-0120	大人　500円
長井海岸	ＪＲ行橋駅から太陽交通バス長井行き終点下車 例年4月～8月	福岡県行橋市大字長井289-5 行橋市漁協長井支所 TEL：0930-22-4780（火，水，木）	大人　500円 対象マテガイ

佐賀県

名称	アクセス・開催期間	問い合せ先	料金等
川副	乗船希望日の3日前までに，川副町観光協会（佐賀市役所川副支所内）まで予約電話 相乗り船は佐賀市役所川副支所正面玄関前に集合 4月～5月（相乗り船出航は土日のみ，要予約）	佐賀県佐賀市川副町鹿江623-1 川副町観光事業実行委員会 TEL:0952-20-2200	相乗り船 大人　4000円 子供　2000円

大分県

名称	アクセス・開催期間	問い合せ先	料金等
和間海浜公園	JR豊前長洲駅から2580m（徒歩約40分） 4月1日～9月30日	大分県宇佐市岩保新田129-3 和間海浜公園 TEL:0978-38-5810 ※4月1日より 大分県宇佐市大字長洲4263-43 JFおおいた宇佐支店 TEL:0978-38-0005 大分県宇佐市大字上田1030番地の1 林業水産課水産係 TEL:0978-32-1111	大人　500円 （1kg） 小人　300円 （1kg）

熊本県

名称	アクセス・開催期間	問い合せ先	料金等
網田（オウダ）	JR網田駅から徒歩10分 長浜ドライブインから5分	熊本県宇土市長浜町508番地5	1人　1000円

		網田漁業協同組合 TEL:0964-27-0040	
長浜	ＪＲ肥後長浜駅から徒歩約5分 例年4月～6月	熊本県宇土市長浜町509-3 清風館 TEL:0964-27-0073 熊本県宇土市浦田町51 宇土市商工観光課 TEL:0964-22-1111	大人　1800円 小学生 　　　1000円 3歳～　600円 （室料・入漁料・貝堀道具料を含む）
鍋松原海岸沖	ＪＲ大野下駅から車10分 駐車場100台 例年4月～6月（期間はお問い合せください）	熊本県玉名市岱明町浜田883 岱明漁業協同組合 TEL:0968-57-0008 熊本県玉名市岱明町野口2129 玉名市役所岱明支所総務振興課 TEL:0968-57-1111	中学生以上 　　　1000円 （2kgまで） 小学生 500円 （1kgまで）
滑石（ナメイシ）漁港沖	ＪＲ大野下駅から車10分 駐車場100台 例年4月～6月（期間はお問い合せください）	熊本県玉名市滑石1683 滑石漁業協同組合 TEL:0968-76-2166	中学生以上 　　　1000円 （2kgまで） 小学生 500円 （1kgまで）
大浜海岸沖	ＪＲ玉名駅から車20分 駐車場100台 例年4月～6月（期間はお問い合せください）	熊本県玉名市大浜町2376 大浜漁業協同組合 TEL:0968-76-0121	小学生以上 　　　500円 （1kgまで）
横島海岸沖	ＪＲ玉名駅から車25分 駐車場100台 例年4月～6月（期間はお問い合せください。2016年度は5月8日で終了）	熊本県玉名市横島町横島4506 横島漁業協同組合 TEL:0968-84-2019	中学生以上 　　　1000円 （2kgまで） 小学生 500円 （1kgまで）

鹿児島県

広瀬海岸	ＪＲ国分駅からタクシー15分 期間制限無し	鹿児島県国分市中央3丁目45-1 国分市商工観光課 TEL：0995-45-5111	無料
大崎海岸	鹿児島空港から九州自動車道・東九州自動車道を使用して車で約60分 鹿児島市内から九州自動車道・東九州自動車道を使用して約1時間30分 期間制限無し	鹿児島県曽於郡大崎町仮宿1029 大崎町役場 TEL：099-476-1111	無料

著者紹介

原田知篤(はらだ　ともあつ)

1949年10月山口市生まれ。オーボエ奏者。
1969年フランス政府給費留学生としてパリ国立高等音楽院入学。
1972年パリ・エコールノルマル音楽院卒業。
1974年ニューヨーク日系人コンクール入賞。
1974年より東京芸術大学オーケストラメンバー。
1981年より横浜ノネットのメンバーとしても活躍。
2010年オーケストラを定年退職。

1997年潮干狩りのホームページ「史上最強の潮干狩り超人」をオープン。
ホームページは全国的反響を呼び＠ニフティホームページコンテスト日本IBM特別賞(2000)，ヤフーサングラスマーク(2001～)，みんコンホビー賞(2003)など数々の賞を受賞。
ホームページ作家としては他に第10回マイタウンマップコンクールでアラブ首長国連邦賞(2004)，第2回ＡｉＡホームページコンテスト優秀作品賞(2004)を受賞。
「潮干狩り超人」としてテレビ，ラジオ，雑誌などへの出演も数多い。
著書に「潮干狩り」(文葉社2004)，「改訂版潮干狩り」(文葉社2005)がある。

みんなが知りたいシリーズ③
潮干狩りの疑問77　　　定価はカバーに表示してあります。

平成29年3月8日　初版発行

著　者　原田知篤
発行者　小川典子
印　刷　三和印刷株式会社
製　本　株式会社難波製本

発行所　㈱ 成山堂書店
〒160-0012 東京都新宿区南元町4番51成山堂ビル
TEL：03 (3357) 5861　　FAX：03 (3357) 5867
URL　http://www.seizando.co.jp
落丁・乱丁本はお取り換えいたしますので，小社営業チーム宛にお送りください。

Ⓒ 2017 Tomoatsu Harada
Printed in Japan

ISBN978-4-425-95611-1

好評発売中！

**魅惑の貝がらアート
セーラーズ
バレンタイン**

飯室はつえ 著

B5判・2,200円

**The Shell
綺麗で希少な貝類
コレクション303**

真鶴町立遠藤貝類
博物館 著

A4変形・2,700円

海辺の生きもの図鑑

千葉県立中央博物館
分館海の博物館
監修

新書判・1,400円

**スキン
ダイビング・
セーフティ**

岡本美鈴・千足耕一・
藤本浩一・須賀次郎
共著

四六判・1,800円

**水族館発！
みんなが知りたい
釣り魚の生態**

海野徹也・馬場宏治
共著

A5判・2,000円

ベルソーブックス004
魚との知恵比べ

川村軍蔵 著

四六判・1,800円

ベルソーブックス009
魚介類に寄生する生物

長澤和也 著

四六判・1,600円

ベルソーブックス013
魚貝類とアレルギー

塩見一雄 著

四六判・1,800円

ベルソーブックス033
クロダイの生物学とチヌの釣魚学

海野徹也 著

四六判・1,800円

ベルソーブックス038
真珠をつくる

和田克彦 著

四六判・1,800円

ベルソーブックス041
アオリイカの秘密にせまる

上田幸男・海野徹也
共著

四六判・1,800円

新・海洋動物の毒

塩見一雄・長島裕二
共著

A5判・3,300円

江戸前のさかな

金田禎之 著

A5判・1,800円

ボトリウム
手のひらサイズの小さな水槽。

田畑哲生 著

A4変形・1,500円

ボトリウム2
ひとり暮らしの小さな小さな水族館。

田畑哲生 著

A4変形・1,500円

■定価は本体価格（税別）　　　　■総合図書目録無料進呈